土木系　大学講義シリーズ 17

都市計画（五訂版）

工学博士 新 谷 洋 二

工学博士 髙 橋 洋 二

博士（工学） 岸 井 隆 幸

博士（工学） 大 沢 昌 玄

コ ロ ナ 社

扉の写真は
左：パリ，凱旋門からデファンス地区開発を望む（著者撮影）
右：歌川広重の名所江戸百景に描かれた駿河町（富士を望む風景）

─── 五訂版のはしがき ───

　パリのルーブル宮殿から凱旋門に至るシャンゼリゼー通りとラ・デファンスまでの軸線，数々の歴史的建築物・広場・モニュメント等を見ると，パリは都市計画に基づき，計画意図を持って周到にデザインされた都市であることを実感する。ヨーロッパには，小規模ながら歴史のある個性的・魅力的な都市が数多く存在しているが，そこにも長い時間をかけて自然・農業・牧畜等と調和させつつ街づくりを行ってきた都市計画の理念を見てとることができる。アメリカにおいても，ニューヨークやシカゴの碁盤目に区切られた市街地や摩天楼群は，機能性と象徴性を追求した近代都市計画の所産であることを示している。

　わが国では，平城京・平安京などの条坊制の古代都市や近世の城下町のように計画的な都市形成がなされた時代があり，かつては都市計画が社会的に大きな力を持っていた。一方，現在の東京や大阪等の大都市では，その活力・便利さ・治安の良さは世界のどの都市にもひけをとらないが，狭小な住宅・混雑する道路や鉄道・緑やオープンスペースの不足等の都市問題が山積している。また，地方都市においても，統一性のない建築物・市街地が広がっていて，都市の個性や魅力に乏しく，なかでも中心市街地の衰退が深刻である。つまり，経済的に世界有数の水準に達しているが，都市環境については欧米の水準にいまだ及ばず，今日の都市計画が十分な機能を果たしていないといえる。

　また，1997 年に気候変動枠組み条約（COP 3 京都議定書）が締約されたように，地球環境問題の制約は厳しくなり，加えて，わが国においては人口減少・高齢社会への対応が早急に求められている。今こそ限られた時間のなかで，都市の構造・交通体系・居住形態を大胆に改革していく必要がある。また，1995 年の阪神淡路大震災・2011 年の東日本大震災・たび重なる豪雨被害は，われわれに都市の防災性向上が重要であることを再確認させた。これらの体験を通じ，都市計画は都市の効率性や利便性を求めるだけでなく，住民の生命や財産の安全を何よりも優先していかなければならないという貴重な教訓を得た。

　ところで，21世紀は世界的にも都市の時代といわれており，先進国はもとより開発途上国における都市化の波は，かつて経験したことのない規模と速度で進展するものと考えられている。そこでは気候風土・政治・経済・文化等が多様なだけでなく発展段階も異なるから，これまで経験したことのない複雑で，深刻な都市問題が噴出するものと予想され，都市計画をわが国の視点のみで論ずることはできなくなっている。

　このように21世紀に入り，高齢化・成熟化・国際化・情報化時代にふさわしい新たな都市計画のパラダイムが求められているが，今後の都市型社会に対応し地方分権を進めるため，都市計画法の抜本的改正も2000年5月に行われ，地方の役割や裁量の幅がより高められた。その後も，2004年の景観法や2005年の国土形成計画法の制度など，都市計画をめぐりさまざまな法制度上の改正が行われた。『都市計画』は1998年の初版発行後，重版を経て2001年に改訂版としたが，法改正に対応させるべく改訂を行い，三訂版を経て四訂版とした。その後，2014年には都市再生特別措置法の改正により立地適正化計画の策定が位置づけられ，コンパクトシティ実現化に向けた具体的な道筋が示された。そのため，この立地適正化計画を含め，都市計画関連法制度の改正を反映した五訂版を作成した。

　本書は都市計画を学ぼうとする学生諸君に対して，都市計画の歩み・都市計画の立て方・事業手法等の基礎知識を提供することを目標としている。本書を通じて都市計画の理念や思想を理解するとともに，都市計画は現実の都市において日々実現していかなければならない実学であることも学んでいただけることを期待している。なお，五訂にあたり，四訂に引き続きデータの更新と修正には，岸井・大沢研究室の吉野ゆう子さんに大変お世話になった。

　また，具体的事例やプランをできるだけ同一の地域から選ぶことにより，都市計画の重要な要素である即地性および総合性を学べるよう試みている。対象としておもに千葉県を取り上げることとしたが，資料の提供に快く協力いただいた方々に心から謝意を表したい。

　2022年1月

著　　者

── 目　　次 ──────────────

第7章　土地利用の計画

第8章　都市交通施設の計画と整備

第9章　公園・緑地の計画と整備

第10章　供給処理施設の計画と整備

第11章　市街地整備の計画と事業

第12章　防災・環境に関する計画と事業

第13章　全国総合開発計画

第14章　大都市圏計画・地方圏計画

第15章　諸外国の都市計画・国土計画

第16章　都市計画の今後の課題

参 考 文 献

索　　　引

第1章

序　　論

1.1　都市計画・国土計画の定義

1.1.1　都市の範囲と定義

　都市や都市計画は，すでに日常的に使用される用語となっているが，都市という言葉をとってみても，国や人により多様な使い方がされ，その意味する内容や範囲は時代とともに変化してきている。しかし，そこには国や時代を超えて込められてきた，共通の基本的概念が含まれているのも事実である。例えば**都市**という言葉には，つぎのようないくつかの基本的な概念が含まれている。

① 都市には相当規模の人口が集積し，周辺と区分可能な一定以上の人口密度を有している。

② 都市では農業・漁業・林業などの第一次産業より，工業・商業等の第二次および第三次産業が発達していて，これらの産業に従事する人口が多い。

③ 都市は，一つの社会的集団として周辺と区別することのできる政治的および行政上の組織を持っている。

　ところで，①の概念からいえば，市（および一定規模以上の町）の中心部およびその周辺は，人口の集積が大きいので都市に区分されるが，その他の区域は都市には区分されないことになる。この概念によれば，都市の範囲は必ずしも市町村の行政区域と一致しないことになる。

　また②の概念によれば，都市とは商業・業務・住居・工業等の土地利用が優勢なまとまりのある区域を指すことになる。したがって，歴史的・社会的に一

つの都市と考えた方がよい場合や同一の行政区域であっても，農林漁業として
の土地利用が優勢な区域は都市の範囲に含まれないことになる。

　③の概念から見ると，わが国は1都1道2府43県に分けられ，さらに都道
府県は全国で2 522（2005年）の市町村に分割されている。地方自治法では通常，
人口5万人以上で，中心市街地の戸数が全戸数の60％以上，商工業等に従事す
る者が全人口の60％以上の地方自治体を市として定めていて，全国で732（2005
年）の市が存在している。しかし，この定義によれば，複数の行政組織にまた
がる大都市のような場合は，一つの都市とはいえないことになる。わが国の大
都市では，戦後，人口や産業の集積が進み，日常生活圏域も急激に拡大してき
たが，行政組織は変わっていないので，その範囲は複数の都府県や市町村にま
たがっている。

　このように，都市の範囲を一つの指標や基準によって定義することは容易で
はないが，一般に一日生活行動圏をもって都市の範囲とする場合が多い。

　ところで，法律上は都市をどのように定義しているだろうか。都市計画法の
中で**都市計画区域**という用語が定義されているが，そこでは「都市計画区域は
市または一定規模以上の町村の中心市街地を含み，自然的条件・社会的条件・
人口・土地利用・交通量等から見て一体の都市として整備・開発・保全する必
要がある区域を指す」としている。この場合，行政の境界にかかわらず，一体
の居住圏域・生活圏域と考えられる区域を一つの都市計画区域とすべきことが
定められている。

1.1.2　都市計画・国土計画の関係と定義

　都市は日常生活圏をおおむねその範囲としているが，より広域の地域・地方
における社会的・経済的機能の一部分を構成している。例えば，青森・秋田・
仙台・山形は東北地方の各県の中心都市であるが，中でも仙台は東北地方の中
心的な都市と位置づけることができる。このように都市は国や地域・地方の一
部であるから，個々の都市は都市レベルだけではなく，より広域の地域や国の
レベルにおいてもその役割・機能等が位置づけられなければならない（**図1.1**）。

　そのため，国・地域・都市に関する将来の社会・経済のビジョンや方向等を

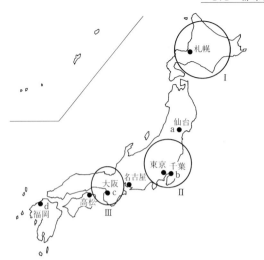

国土計画（ex.）
　国土形成計画
　国土利用計画

地域計画（ex.）
Ⅰ 北海道総合開発計画
Ⅱ 首都圏整備計画
Ⅲ 近畿圏整備計画

都市計画（ex.）
a 仙塩広域都市計画
b 千葉都市計画
c 大阪都市計画
d 福岡都市計画

図1.1　国土計画・地域計画・都市計画の範囲

定めたものを，一般に社会計画（social planning）・経済計画（economic planning）と呼び，国・地域・都市の最も基本的な計画として位置づけられている（**表1.1**）。一方，国土・地域・都市の人口・産業・土地利用・インフラストラクチャー等の物的施設等に関するビジョン・方向等を定めた計画が必要なことはいうまでもない。このための計画が国土計画・地域計画・都市計画であり，

表1.1　戦後の経済計画

作成年	計 画 名 称	計画期間	策定時内　閣	計 画 の 目 的
1955	経済自立5か年計画	1956～1960	鳩　山	経済自立，完全雇用
1957	新長期経済計画	1958～1962	岸	生活水準向上，完全雇用
1960	国民所得倍増計画	1961～1970	池　田	生活水準向上，完全雇用
1965	中期経済計画	1964～1968	佐　藤	経済社会の近代化，福祉国家
1967	経済社会発展計画	1967～1971	佐　藤	均衡かつ充実した経済社会
1970	新経済社会発展計画	1970～1975	佐　藤	住み良い日本の建設
1973	経済社会基本計画	1973～1977	田　中	福祉の向上と国際協調
1976	昭和50年代前期経済計画	1976～1980	三　木	安定的経済発展，国民生活の充実
1979	新経済社会7か年計画	1979～1985	大　平	安定成長，生活の質的充実
1983	1980年代経済社会の展望と指針	1983～1990	中曽根	国際関係，活力ある経済社会
1988	経済運営5か年計画	1988～1992	竹　下	外不均衡是正，安心で豊かな生活
1992	生活大国5か年計画	1992～1996	宮　沢	豊かさとゆとりの生活大国
1995	構造改革のための経済社会計画	1995～2000	村　山	豊かな経済社会，地球社会への参画
1999	経済社会のあるべき姿と経済新生の政策方針	1999～2010	小　渕	少子・高齢・人口減少社会への備え

これらは物的計画（physical planning）と呼ばれており，その策定に当たっては経済計画や社会計画を前提とする。

〔**1**〕　**国土計画**　　**国土計画**は，国の自然的・社会的・経済的条件を前提に，国土の総合的な利用・開発および保全を目的とし，人口・環境・産業・交通通信・土地利用等のさまざまな分野について，体系的・総合的に目標・将来像・整備方針・施策等を定めた計画である。わが国の国土計画としては1950年（昭和25年）に制定された国土総合開発法に基づく総合開発計画と，1974年（昭和49年）に制定された国土利用計画法に基づく国土利用計画を挙げることができる。

全国総合開発計画は国土全体の均衡ある発展を実現するために，土地・水等の資源，都市・農村の配置，産業立地，交通・通信等についての国の目標・将来像・施策等を定めたもので，これまで5次にわたる計画が策定されてきた。

また，**国土利用計画**は国土の自然環境の保全，健康で文化的な生活環境の確保，国土の均衡ある発展を目指し，長期にわたる安定した均衡ある国土の利用を確保することを目的としている。国土利用計画は国・都道府県・市町村がそれぞれ定めることとなっている。さらに国土利用計画の理念に基づき，土地の投機的取引の除去・乱開発の防止・国土の有効利用を実現するために，都道府県は**土地利用基本計画**を定めることとなっており，ここでは国土を都市地域・農業地域・森林地域・自然公園地域・自然保全地域に区分している。

なお，全国総合開発法は，2005年（平成17年）に地方の自立的発展と主体的取組みを理念とする国土形成計画法に改正され，新たに全国計画と2以上の都府県にまたがる広域地方計画を国が作成することになっている。

国土形成計画は，国土の利用整備および保全を推進するための総合的かつ基本的計画であるが，全国総合開発計画と異なり，国土の形成に関する基本方針・目標を定めるにとどめ，地域の自主的発展，主体的取組みを尊重することを理念としている。なお，都道府県・指定都市は，全国計画の案の作成について提案することができる。

〔**2**〕　**地域計画**　　全国を北海道・東北・四国・九州等の地方に分け，それぞれの人口・産業・土地利用・インフラストラクチャーに関する計画を定めた

ものが**地域計画**または**地方計画**である。

　地方には首都圏や近畿圏のように，過密ではあるが諸機能が集中し，経済的に発展している地域と，北海道や東北地方のように人口の流出・雇用や教育機会の不足等に悩む地域が存在する。このような地域格差を是正し，国土全体のバランスある発展を目標として，大都市圏に対しては首都圏整備計画・近畿圏整備計画・中部圏開発整備計画が定められ，地方に対しては北海道総合開発計画・東北開発促進計画・四国地方開発促進計画等が定められてきた。

　なお，国土形成計画法では大都市圏形成の目標や方針を広域地方計画として定めることとしているが，具体的な計画策定は首都圏整備法・近畿圏整備法・中部圏開発整備法に基づく各圏域の整備計画などに委ねている。また地方については北海道・沖縄を除き，東北開発促進法・九州地方開発促進法・四国地方開発促進法・北陸地方開発促進法・中国地方開発促進法は廃止され，必要に応じ2以上の県による広域地方計画を作成することとなっている。

　〔3〕　**都市計画**　　**都市計画**は，都市の区域を対象として都市の将来像，整備目標，土地利用・公共施設・公益施設・住宅・商業業務等の配置や規模を定めた物的計画である。

　都市計画法では都市計画の基本理念を示しているが，それによれば「都市計画は，農林業との健全な調和を図りつつ，健康で文化的な都市生活および機能的な都市活動を確保すべきこと，並びにこのためには適正な制限のもとに土地の合理的な利用を図るべきもの」と規定されている。都市計画は上位計画である国土計画・地域計画と整合していることが求められるだけではなく，都道府県・市町村の総合計画等とも整合していなければならない。

　なお，都市計画には都市全体にかかわる計画のほかに，都心の計画・住宅団地計画・工業団地等の地区別の計画がある。また通常，道路・鉄道・公園・下水道等の公共施設，住宅・商業・業務等の計画，面的事業等の部門別計画も定められているが，これらの計画相互に計画上の矛盾や対立があってはならず，整合性が担保されていなければならない。国土計画・地域計画・都市計画が対象とする範囲を図示すると**図1.2**のようになる。

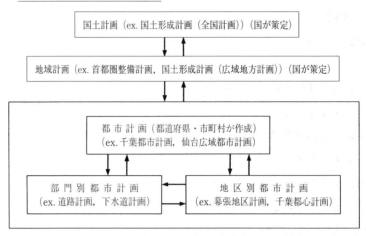

図1.2　国土計画・地域計画・都市計画の関係

1.2　都市計画と都市計画技術者の役割

1.2.1　都市計画・国土計画の役割

　国土計画は国土の長期的な整備方向・将来像を描いたものであり，国や地域が物的計画を推進する上での政策の基礎あるいは前提として重要な役割を担っている。国の各省庁や機関は，国土計画に定められた目標・方針・計画内容等に沿って，それぞれの施策を実施していく。各機関が，国土計画や地域計画に定められている方向に従って政策を推進することにより，国全体の行政の一体性・整合性を保つことが可能となる。

　また，一つの地域にとってみても，実際には複数の地方公共団体から構成されていて，政治的にも行政的にも単一の組織となっているわけではない。各地方公共団体の利害が対立し計画相互の調整がとりにくい場合，地域計画は関係する地方公共団体にとって上位計画であるから，地域全体が依拠すべき目標・方針・将来像としての重要な役割を果たすことになる。

　ところで，国土計画に盛り込まれた内容を実現するには，長い期間と十分な財源を必要とするが，これまで，道路・港湾・空港・下水・公園等の社会資本ごとに，当面の整備目標・水準・方針・事業量・財源等を定める5か年計画を

策定していた。しかし，2003 年（平成 15 年）に社会資本整備重点法が制定され，それ以後，社会資本整備重点計画（原則，計画期間は 5 年）として一本化されている。

一方，都市計画は都道府県および市町村により決定され，おもに両者により実施されるが，都市圏域を超える広域的性格の強い高規格道路・港湾・空港・その他，国の大規模施設等は都市計画に定められないことも多い。また，都市計画そのものは，必ずしも整備時期・整備主体を明らかにするものではないから，地方公共団体の財政事情・住民の意向等によっては，著しく整備が遅れる場合がある。その結果，都市計画の上では整合がとれていても，実際の都市整備は部分的かつ部門間のアンバランスを残したまま進められていくこともある。

1.2.2 技術者の役割とあり方

都市計画は物的計画であるから，土木・建築・造園等の都市建設に関係する技術に大きく依存しているが，その前提を経済計画や社会計画に置いている。つまり，都市計画は土木・建築・造園等の技術・工学だけではなく，法律・政治・経済等の社会科学にも依存しており，学際的・総合的な性格が強く，一般に総合計画といわれる由縁もそこにある。

また，都市計画は，① 土地利用や建築物，② 道路・鉄道等の交通施設，③ 上水道・下水道等の供給処理施設，④ 公園・緑地等のオープンスペース，⑤ 土地区画整理事業・市街地再開発事業等の面的市街地整備に関する計画や事業に区分することができる。わが国では，①と⑤の一部は建築技術者が，④は造園技術者が，②，③，⑤は土木技術者が担当しており，法律・経済的部分は法律・経済出身者により担われている。都市計画に携わる技術者は，技術・工学の深い知識や経験を追求するだけでなく，広く社会全体の制度や実態について理解を深め，都市問題を総合的にとらえていくことが求められている。

第2章

都市・国土の歴史

2.1 古代・中世の都市

都市を「人間が比較的密度高く集住する空間」あるいは「農業的土地利用が比較的少ない交易・政治・文化の中心地域」と考えれば、規模こそ異なれ、人間が定住生活を始めたときから都市的空間は存在していたと考えることもできよう。古代の4大文明といわれるメソポタミア、エジプト、インド、中国の各地域にもそれぞれ都市的空間が存在していた。

こうした都市的空間は人類の歴史とともに変化を遂げ、中世においては数多くの「宗教施設を中心にした都市」や「軍事的な意味から形成された都市」を創出したし、近世においても生産力の高まり等を背景に「交易上重要な地域」の発展や「政治的中心地の繁栄」をもたらしてきた。

わが国を例に見ると、全国各地で縄文時代、弥生時代の集落跡が発見されているが、その中には当時、一国を形成していたと考えられる規模を有するものがある（例えば、佐賀県吉野が里遺跡等）し、その後、さまざまな政治勢力の葛藤の結果生まれた大和朝廷は、その都として藤原京（694年）、平城京（710年）、長岡京（784年）、平安京（794年）といった都市（都城）を計画的に創りだした。その空間構成は当時の中国陰陽思想、律令制度等に影響を受け、四神（青竜、白虎、朱雀、玄武）になぞらえる自然環境に囲まれた立地条件の地を選択したうえで、基本的にはグリッドパターンの道路網で街区を構成し（条坊制）、朝廷や貴族のための空間、宗教施設、市場などを計画的に配置している（図

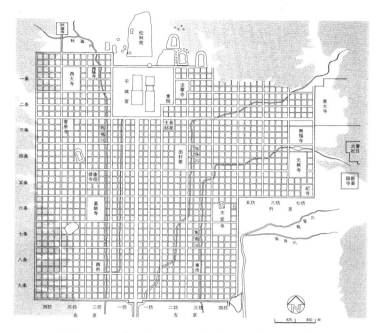

図 2.1 平城京（高橋・吉田・宮本・伊藤編：図集日本都市史，
p. 44，㈶東大出版会）

2.1）。この都市構成パターンは当時の中国の都市（例えば長安）の形態を模倣
したものであると考えられている。

　こうした都の隆盛とともに地方にも出先機関たる政治行政・宗教・軍事都市
が形成されたが，生産力の向上を背景にしだいに武士が台頭し（鎌倉幕府樹立
1192 年），群雄割拠，戦国の時代を迎えることとなる。この間，一方で港湾で
栄える町，宗教を背景に栄える町（例えば**門前町，寺内町**）等，地方都市の自
立も進んだが，戦乱が進むにつれ武家地を中心にした軍事都市，いわゆる**城下
町**が各地に生まれることとなる。その原型ともいうべき山城とその周辺の町の
形成などは，今日でも福井県一乗谷にその遺構が見受けられるし（**図 2.2**），
城下町はその後，現代都市へと発展している例も数多く，全国各地でその空間
構成を体験することができる（**図 2.3**）。

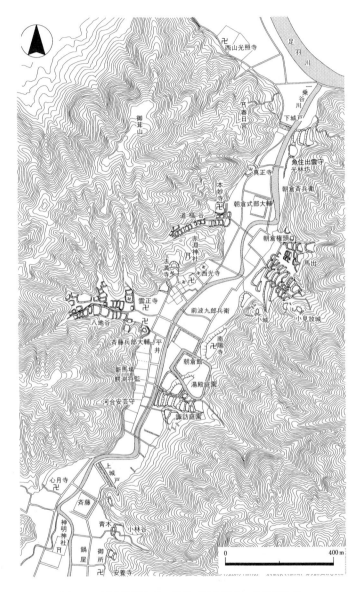

図 2.2　福井県朝倉氏一乗谷（福井県立一乗谷朝倉氏
遺跡資料館編・発行；一乗谷, p.15)

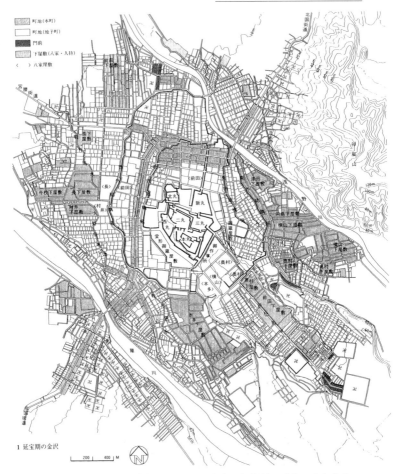

図 2.3 城下町（金沢）（高橋・吉田・宮本・伊藤編：図集日本都市史，
p. 164，㈶東大出版会）

2.2 近世・近代の都市

18 世紀のイギリスに始まったエネルギー革命，**産業革命**は，近代工業・新し
い交通システム等を生み出すとともに，近代的統一国家・市民社会の形成と相
まって急速な都市の発展をもたらすこととなった。例えばロンドンの成長を見
てみると 19 世紀初頭に 100 万人を超え，同半ばで 200 万人，20 世紀初めには

400万人に増加している。こうした都市の膨張と急速な工業化によって都市市民の生活環境は著しく劣悪となり，石炭の煙が引き超こす大気汚染や汚水による河川の汚濁，そして日が十分に当たらないような狭い部屋での高密度な居住等によって疫病が多発し，新興工業都市での平均寿命は35～38歳（農業地帯は50歳以上），中でも工場で働く労働者の平均寿命は15～17歳でしかなかったといわれている。こうした当時の惨状は**エンゲルス**（F. Engels）の「イギリスにおける労働者階級の状態」(1845年) 等に詳しく描かれており，例えば「マンチェスターでは労働者の子供の57%が5歳未満で死んでいるのに対し，上流階級ではわずかその20%，農村地域では5歳以下の32%が死亡しているにす

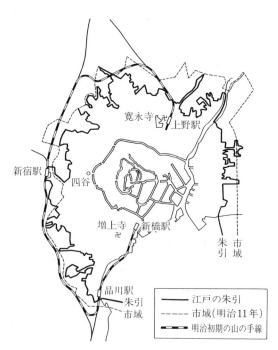

注）文政元年（1818）幕府で決定した江戸府内は朱線で
　　引かれた範囲内を指すので朱引内図と呼ばれる

図2.4　江戸の範囲（鈴木信太郎：都市計画の潮流，p 117，山海堂）

ぎない」とされている。

　その後，他の欧米諸国もイギリスの後を追うように工業化への道を歩み出すが，わが国では，17 世紀初頭から約 300 年にわたり武家政権である徳川幕府が全国を支配しており，欧米諸国の後を追う本格的な工業化は明治の時代まで待たなければならなかった。しかしこの徳川幕府の時代にもその中心地たる**江戸**は 19 世紀後半には人口 100 万人を超える大都市に成長していた。もちろん徒歩を主たる交通手段としていたため，その範囲は東は深川，西は四谷・板橋，南は品川，北は千住程度でしかなかったが，この地域に 500 人/ha 以上（ところによってはネット人口密度 1 500 人/ha）の高密度な町人の空間と江戸城を中心にした低密度の広大な武家屋敷地および寺社仏閣地が住み分けるように併存していた（**図 2.4**）。町人の住宅は大半が木造で 9 尺 2 間の棟割長屋，裏長屋へ通じる道は幅員 0.9〜1.8 m であった。

　そして 1868 年（慶応 4 年・明治元年），明治維新によって徳川幕府は倒され，19 世紀末わが国はようやく近代工業化への道を歩みだすことになる。

第3章

近代都市計画の思想

3.1 ユートピア思想

　近代の都市では急速な工業活動の進展，人口の集中が都市生活の衛生問題，環境問題を引き起こしていたが，一方で社会運動家，工場経営者あるいは工場に働く労働者が立ち上がって近代の新しい都市像，社会像を描こうという運動も高まりを見せていった。具体的には**ロバート・オーウェン**（Robert Owen），**サンシモン**（Saint-Simon），**フーリエ**（F.M.Charles Fourier）といった社会改良家達が唱えた理想郷建設の運動（後のマルクス社会主義と対比して空想社会

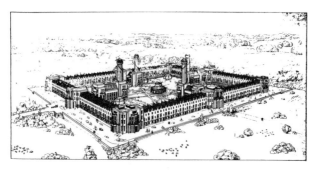

図3.1　オーウェンのユートピア（出典：Vittorio Magnago Lampugnani, "Architecture and City Planning in the Twentieth Century", p.21, Van Nostrand Reinhold Company (1984)，原典：Robert Owen & Stedman Whitwell, "New Harmony, Indiana Project" (1825)）

主義などと呼ばれる），ポート・サンライト（Port Sunlight）等のように工場主が自分の工場に働く労働者たちに良好な住環境を用意しようとした事例等を挙げることができる（**図3.1**にオーウェンのユートピアを示す）。

　また，マルクス（Karl Marx）等の共産主義思想はロシアで社会主義国家として実現し，その後こうした社会主義国家建設は全世界に広がっていくこととなった。

3.2　田　園　都　市

　社会改良家たちのユートピア運動があまり実を結ばなかったのに対し，1898年（明治31年）イギリス人**エベネザー・ハワード**（Ebenezer Howard）は都市開発に関する実務上の検討も加えて**田園都市**の建設を提案した（**図3.2**）。ハワードは「明日の田園都市」と題する本を出版し，その中で都市と田園の長所短所を比較考慮しながら，双方の利点を併せ持つ「田園都市」こそ最も望ましい都市像であると主張している。彼の提唱した「田園都市」は

① 都市と農村の結合により双方の利点を有する都市であり，

② 都市の計画人口は約3万2000人で制限される。

③ 土地は私有ではなく，開発主体が一括所有するものとし，

④ 都市内には都市人口の大部分を維持する産業を確保し，

⑤ 都市の成長によって生まれる開発の利益はコミュニティのために留保され，

⑥ 住民は自由と協力の精神でコミュニティを維持する

ことをねらいとしており，人口3万2000人の小都市が鉄道と道路で結ばれ，最終的には25万人程度の都市集団となることが想定されている。

　都市のモデル構成は市街地中心部に広場，市役所等の公共施設が配置され，そこから順次住宅，工場等があり，外周部は農場，牧草地等になっているが，彼はこうした都市開発が経営的にも成立することを示し，具体的に1899年（明治32年）田園都市協会を設立して「田園都市」の実現に向けて進んでいった。その結果，まずロンドンの北部54kmのところに**レッチウォース**（Letchworth）

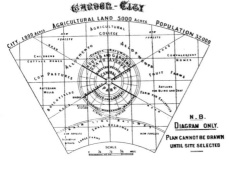

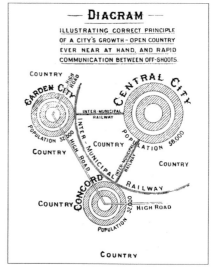

図3.2　田園都市の基本構成（Ebenezer Howard, "Garden Cities of Tomorrow"（1902））

　が開発され（**図3.3**），ついで 1920 年（大正9年）第2の都市**ウェルウィン**（Welwyn）が建設されることとなった。

　ハワードの田園都市思想とその実現は世界各国へ大きな影響を与えた。例えば，アメリカではハワードの田園都市思想が郊外の中産階級向け住宅開発の空間構成に影響を与え，サニーサイド・ガーデンズ（Sunnyside Gardens）といった住宅地も開発された。また，わが国でも内務省有志によって翻訳が紹介され，大都市郊外に同様の都市を開発していこうという動きが活発化し，東京西部の田園調布付近の開発等に結びついていった。

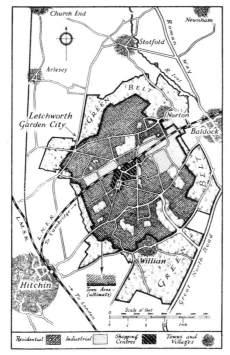

図3.3 レッチウォース

3.3 近 隣 住 区

1929 年（昭和 4 年）アメリカ人**アーサー・ペリー**（Clarence Arthur Perry）は**近隣住区理論**を発表した。近隣住区とは住宅地の空間構成を小学校区単位で考え，来るべき自動車社会を意識して計画的に住宅地の安全性と利便性を確保しようとするものであり，具体的には以下のように集約される。

① 日常生活に対応する空間として小学校区に相当する「近隣住区」という地域単位（コミュニティ）を設定し，

② その近隣住区は幹線道路によって区分される。

③ 近隣住区内には通過交通を発生させないように道路網を配置し，

④ その中心にはオープンスペースや歩行者系の道路と組み合わされた小学校を配置する。

⑤ ショッピングセンターは道路交差点の周辺部に，公園は人口に応じてその配置や大きさを決定し，

⑥ 結果として，住民の日常生活は周辺の幹線道路を横切ることなく，安全，快適に営むことができる。

図3.4に，近隣住区の概念図を示す。

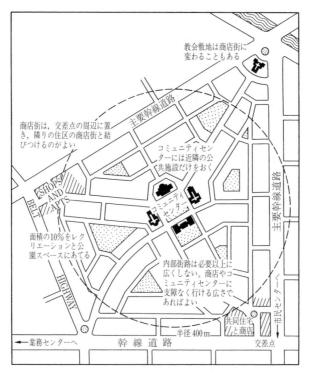

図3.4　近隣住区の概念図（C.A.ペリー 著，倉田和四生 訳：近隣住区論，p.122，鹿島出版会(1975)）

　この近隣住区理論を適用して開発された地区としてはラドバーン（Radburn）が有名である。ラドバーンはアメリカのニュージャージーに建設されたニュータウンで**スーパーブロック**（大きな街区）の中に**クルドサック**（Cul-de-sac）と呼ばれる自動車の回転広場付袋小路と歩行者専用の道路，公園緑地等を組み合わせた特徴ある道路構成をとっており，こうした空間構成はその後，ラドバ

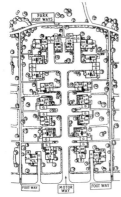

図 3.5　ラドバーンシステム

ーンシステムと呼ばれている（図 3.5）。

3.4　多様な理想像

3.4.1　居住環境地域

　1963 年（昭和 38 年）イギリスで発表されたブキャナンレポートはその後の交通計画に大きな影響を与えることとなった。このレポートはブキャナン（Colin Buchanan）を中心にとりまとめられた政府レポートで，この中でブキャナンら

は急激に進行する自動車社会に対する都市計画的対応として以下のような考え
方を示した。

① 自動車から守られた**居住環境地域**（environmental area）の導入とそれを
　　支えるヒエラルキーを持った体系的な道路網の確立。

② 交通は都市計画の総合的な問題の一部で、「土地利用に関する計画」と「交
　　通に関する計画」を相互に調整する総合的アプローチが重要であること。

　このレポートはイギリス自動車社会の将来を描いたものとして広く一般市民
の関心も集めた。**図3.6**に，ブキャナンレポートが提案する道路網構成と居住
環境地域の概念を示す。

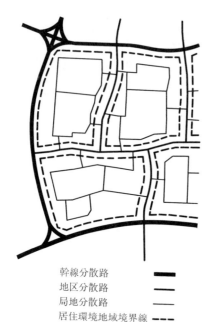

幹線分散路　　　━━━
地区分散路　　　──
局地分散路　　　──
居住環境地域境界線 ---

図3.6　ブキャナンレポートが提案する
　　　　　道路網構成と居住環境地域

3.4.2　さまざまな新都市の提案

　ル・コルビジェ（Le Corbusier）は近代建築の巨匠として有名であるが，
1947年（昭和22年）「輝く都市」を著し，コンクリート・高層建築・自動車等を積
極的に受けとめる近代的な都市を提案し，その後**CIAM**（近代建築国際会議）

図3.7 コルビジェの「輝く都市」
のイメージ

　の運動などを通じて世界の建築・都市論に大きな影響を与えた（**図3.7**）。

　一方，1961年（昭和36年）アメリカのジャーナリスト，ジェーン・ジェイコブス（Jane Jacobs）は「アメリカの大都市の死と生」を著し，アメリカで実施されていた全面的建替えを中心にした再開発を強烈に批判し，都心部の下町のよさを訴えて，多くの人々の共感を呼んだ。

　また，オーストラリアのキャンベラ（Canberra）やブラジルのブラジリア（Brasilia）のようにまったく新しい首都を建設する動きも現れ，こうした都市では従来にない大胆な構図を持った都市が提案され実施に移されている。

第4章

日本近代都市計画の歩み

4.1 明治維新から市区改正へ

日本における近代都市計画は明治維新以後に始まる。政府は中央集権的な統一国家の確立と不平等条約の改正という内外の課題を抱える中で，東京を首都にふさわしい立派な都市として整備することをしだいに論ずるようになった。そしてこの近代都市計画は東京都心の火災復興計画で始まった。

1872年（明治5年)2月，銀座から築地までの大火で約96 haが焼失した。政府はこれを契機にロンドンやパリのように不燃都市とすることを目指し，イギリス人技師**ウォートルス**（Thomas Waters）をお雇い技師として登用し，**銀座煉瓦街**の建設を行った。ちょうど1870年（明治3年）から着工された横浜・新橋間の鉄道建設が進み，1872年（明治5年)9月には新橋駅が開業して外国人の住む築地居留地と横浜が連絡された。また，この事態に対応して京橋—銀座間の銀座通りを現在見るような15間（27.27 m）に拡幅した。すなわち，車道8間(14.54 m)に左右各3.5間(6.36 m)の歩道を設け，車道には砂利，歩道には煉瓦や板石を敷設した近代的な歩車道区分した道路を翌年に完成した。松，桜，楓の3種類の樹木が街路樹として植えられた。この銀座煉瓦街の建設工事は多くの障害の中で1877年（明治10年）に一応完成し，銀座通りの両側に歩廊列柱つきの洋風商店街が連続する景観が出現した。

首都東京の都市計画（当時は**市区改正**といわれた）の重要性はしばしば論議され，1876年（明治9年）以来，調査と検討が行われたが実現には至らなかっ

た。1882年（明治15年）に内務少輔の芳川顕正が東京府知事を兼任し，東京市区改正意見書をまとめ，1884年（明治17年）に内務卿 山県有朋に上申した。この案を検討するため，ただちに市区改正審査会が設置され，芳川がその委員長を兼任して審議に当たった結果，翌年に審査会案が答申されたが，行財政上の理由から具体化しなかった。

　一方で不平等条約の改正を目指す外務大臣 井上馨は1886年（明治19年）に

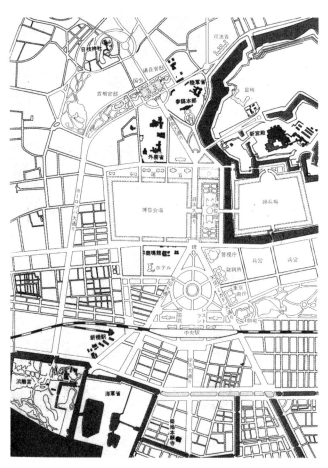

図4.1　日比谷官庁街計画（東京都編：東京の都市計画100年，
　　　　　p.11（1989））

内閣直属の臨時建築局を発足させ，ドイツ人建築家ヘルマン・エンデ（Hermann Ende）とウィルヘルム・ベックマン（Wilhelm Böckmann）を招聘して官庁集中計画を立案させた。この計画は日比谷に議院を設け，現在の有楽町付近に中央停車場を置き，浜離宮，宮城などを有機的に結ぶバロック式の雄大な構想であったが（図4.1），翌年政治情勢の急変により井上の辞任とともに瓦解した。

　それに代わって1888年（明治21年）に政府は**東京市区改正条例**案を提出したが，元老院はこれを不急の事業であるとして否決した。しかし内務大臣 山県有朋と大蔵大臣 松方正義は市区改正の重要性を考え，連署して再び閣議に提出した結果，政府は元老院の否決を無視して同条例を8月に公布した。内容は「日本の首都としての東京」の体裁を整えるため，道路，河川，橋梁，鉄道，公園などを計画，建設しようとするものであり，翌年には東京市区改正（旧設計）が告示された。これは東京の都市計画に関する法定計画であり，1903年（明治36年）に改正された東京市区改正新設計に対して旧設計と呼ばれている（図4.2）。しかし結局予算の制約から事業は遅々として進まなかった。

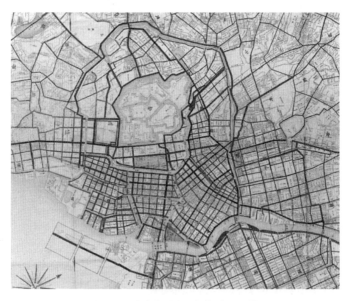

図4.2　東京市区改正設計（旧設計）

4.2 都市計画法の制定

日露戦争，第一次世界大戦を経て，わが国の産業は飛躍的に発展し，激増した工場は大都市地域に集中した。このため都市は急激に膨張し，人口は著しく増加して市外にあふれ，工場などの建物が随所につくられ，都市の近郊では交通上・衛生上の施設が未整備のままに市街化が進行していった。こういった現象は，東京だけでなく京都，大阪，横浜，神戸，名古屋の5大都市でも著しかったが，東京市区改正条例は東京を対象としたものであり，かつ市街地改良的な制度のため，市街地の拡大に対処するには不十分であった。この対策のため新たな都市計画制度の制定が急務となってきた。

内務省では大都市行政への対応の方針を固め，とりあえず1918年（大正7年）4月，東京市区改正条例を改正して上記五大都市にも準用するという応急措置を講じた。さらに翌5月，都市計画調査会を設置し，本格的な都市計画の法制・行政への調査審議の道を開くとともに内務大臣官房に都市計画課を創設した。この都市計画調査会で約半年の調査審議を経て，1919年（大正8年）に**都市計画法**（都市計画として主要な都市施設を決定し都市計画事業で実現していくという概念，住居・商業・工業の3種類からなる用途地域の指定，土地区画整理事業の活用などが明記された）とその姉妹法である**市街地建築物法**（現在の建築基準法）が公布され，わが国の都市計画の法制度は一応の形を整えたのである。また，明治以来，4回も却下された**道路法**も同じ年に制定されている。

ここまでの運びに至ったのは当時内務大臣であった**後藤新平**(1857 - 1929)が1918年（大正7年）2月，都市計画の法制化の緊急性を考え，都市計画調査費を努力して予算化したお陰で，後藤が4月に外務大臣に転じたにもかかわらず5月に都市計画調査会と都市計画課の設立を見ることができた。鉄道院総裁，逓信・内務・外務の各大臣を歴任した後藤新平は1920年（大正9年）に東京市長に迎えられると，東京市の新しい都市改造の構想として翌年「東京市政要綱」を提案した。いわゆる「8億円計画」であった。これは15か年計画であったが，当時の国家予算が15億円という時代であったため，また「後藤の大風呂敷」が

始まったとして多くの反対論議を呼び起こしたが，これは後の帝都復興計画の立案のための大きな布石となった。

4.3　関東大震災と震災復興

1923年（大正12年）9月1日，**関東大震災**が発生した結果，東京市（当時）の面積（約80 km^2）の約46％が焼け野原となった（現在の東京23区の面積は約616 km^2）。このため**特別都市計画法**が制定され，多くの論議と修正の結果，**帝都復興事業**（震災復興事業）が立案された。この復興計画によりこれまでに例を見ない大規模な形で土地区画整理事業が実施され，幹線道路から区画道路に至るまで市街地が面的に整備された。現在の東京都心部道路の基盤は，ほぼこの事業によって形成されており，結果として東京市の道路率は震災前の11％から16％に上昇し，特に事業区域内では25％にまで改良された。

この帝都復興計画を推進したのが，大震災の翌日，内務大臣に任命された後藤新平である。彼は進言して**帝都復興院**をつくり，その総裁となり，土地区画整理事業により東京の再建を図ろうとした。大震災の前年，後藤から招かれて来日し，日本の都市問題について広範な提言を行ったアメリカ人の市政学者**チャールズ・ビアード**（Charles Beard）は大震災のことを知ると，被害を気にかけながら，愛情を込めて「新街路を設定せよ。街路決定前は建築を禁止せよ。鉄道駅を統一せよ。」と電文で進言してきた。非常に適切な指示であった。彼は後藤の招きで10月6日に来日すると，一生懸命遊説に回って東京復興に関する広範な意見書を提出した。その中で，この震災を契機として将来の災害に対し人命財産の喪失を防止することができる計画を立てることが必要であり，そのためには広幅員街路計画の根幹を定め，私有地における建築に対して制限すること等を強調し，復興計画のための基本的な考え方を示した。

山田博愛（1880 - 1958），**笠原敏郎**（1882 - 1969）などの都市計画担当者たちは，震災後ただちに焼け野原の罹災状況を調査し，復興のための計画を立案した。当初の計画原案として41億円に及ぶ理想計画案とともに，現実の問題を考慮した30億円，20億円，15億円，10億円の4代替案がつくられた。この当初の

理想計画は幅員 40 間（73 m）の道路を主軸に東西南北に十文字に配置し，さらに数本の広幅員幹線道路を配置するという広大な計画であった。しかし，主として財政的理由から縮小され，さらに帝都復興審議会や帝国議会の段階で予算を削減され，最終的には 4 億 6 800 万円になってしまった。40 間の幅員も縮小され，最終的には最大幅員の幹線道路は 24 間（43 m）の昭和通りの 1 路線のみで，ついで 36 m の大正通り（靖国通り）がつくられた。このように現在の東京都心部の道路網はほとんどこの震災復興土地区画整理事業でつくられたものを基本としている（図 4.3）。

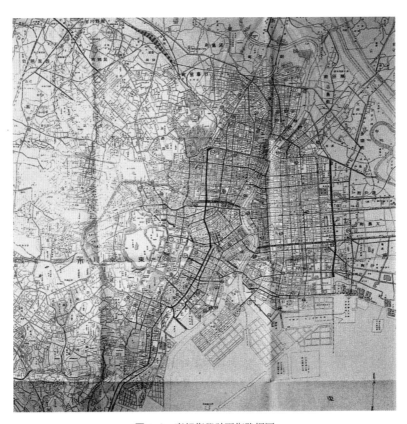

図 4.3　帝都復興計画街路網図

4.4　第二次世界大戦と戦災復興

　第二次世界大戦中，主要都市のほとんどはアメリカ軍の度重なる空襲によって焦土と化し，1945年(昭和20年)の敗戦時には戦災都市215，罹災面積1億9500万坪，罹災戸数230万戸，罹災人口970万人に及んだ。このうち115都市について**戦災復興計画**の都市計画が実施されることとなり，1945年(昭和20年)11月5日**戦災復興院**が設置され，同12月30日には「戦災地復興計画基本方針」が閣議決定された。翌年9月特別都市計画法が公布され，罹災地1億6000万坪だけでなく，それと一緒に整理が必要な区域を含めて1億8000万坪に対し，1946年(昭和21年)から5年間で復興事業(土地区画整理事業が中心)を完成しようとした。しかし，戦後急速に進行したインフレにより物価は高騰し，事業費が増大しただけではなく資材の調達も困難を極め，その間，焼け野原の土地につぎつぎとバラックが建ち並んだため，復興事業の進捗は停滞し，施行面積は縮小を余儀なくされていった。また，1949年(昭和24年)来日したドッジ公使は経済建て直しを目的とした経済安定9原則に基づき戦災復興計画の縮小を勧告した。この結果，1949年(昭和24年)6月24日「戦災復興都市計画の再検討に関する基本方針」が閣議決定され，街路計画・緑地計画・区画整理計画いずれも大きく縮小されることとなった。結果的には，復興事業の対象区域を85都市，8500万坪に縮小して，1950年(昭和25年)以降5か年で事業を実施することとしたが，実際には1959年(昭和34年)まで継続された後，一応収束ということとされている(残事業のいくつかは都市改造事業に切り替えられ結果として112都市，5886万坪が戦災復興区画整理として実施された)。

　なお，この戦災復興事業で広範に区画整理を実施した都市の代表格は名古屋市である。名古屋市は3850 haに及ぶ戦災を受け，当時の市域の約4分の1が廃墟と化した。敗戦の翌月，臨時市議会は「名古屋市再建に関する決議案」を可決し，ただちに復興計画策定にとりかかった。昭和21年6月，幅員100 mが2本，50 mが9本，30 m以上が20本という多数の広幅員幹線道路を計画し，広大な地域の整備を土地区画整理事業で実現した。この計画には当時の佐藤市長に請

われて市技監兼施設局長（後に助役）となった**田淵 寿郎**(1890 - 1974) の貢献があり，このため田淵は「近代都市名古屋建設の生みの親」とまでいわれている。

4.5 新都市計画法（1968 年法）の誕生

　1960 年代からわが国は高度経済成長の道を歩みだし，3 大都市圏を中心に都市部の人口が急激に増加し始めた。人口の増加は新たな住宅の需要を生み出し，都市周辺部を中心に無秩序な市街化（**スプロール現象**）が進行した。そこでこうした市街化の圧力に対抗しつつ，道路・公園・下水道といった都市の基盤施設を適切に配置して，健全な市街地を形成していくために，「土地利用の規制」・「都市施設の計画的整備」・「市街地開発事業の推進」を柱とした新しい都市計画法が生まれることとなった。

　この都市計画法は 1967 年（昭和 42 年）に提出された宅地審議会の答申「都市地域土地利用の合理化を図るための対策に関する答申」を基礎として都市化に対抗する新たな土地利用規制を実施することがその大きな特徴であったが，これまでの都市計画法（旧法）と比較するとそのほかにもいくつかの新しい点を含んでいた。その特徴は以下のように整理される。

　〔1〕　**都市計画の広域性の確保**　　旧法では「**都市計画区域**」は原則として市または政令で指定する町村の行政区域により定めることとされていたが，新法では「一体の都市として整備・開発・保全すべき区域」として広域的な観点からの都市計画を推進できるように変更された。

　〔2〕　**地方自治の推進**　　旧法では都市計画行政の責任は計画の決定から事業の決定まですべて国にあるとされていたが，新法では都市計画の案の公告・縦覧・住民と関係権利者の**意見書**の提出，提出された意見書の都市計画審議会への提出等の手続きが定められるとともに，計画は原則として広域的なものは都道府県知事，コミュニティ内部のものは市町村が決定し（国は国家的関心を有すべき計画について認可権を保有する），事業は原則として市町村が実施するというように変更された。

　〔3〕　**土地利用規制の強化と開発許可制度の導入**　　新法では新たに都市を

「すでに市街地を形成している区域およびおおむね10年以内に優先的かつ計画
的に市街化を図るべき区域＝**市街化区域**」と「市街化を抑制すべき区域＝**市街
化調整区域**」に分ける区域区分制度が導入された。この制度の導入によって都
市に必要な公共投資を合理的に行うとともに農地の転用規制を実施して農地の
保全を図ることも期待され，こうした区域区分の実効性を担保するため，**開発
許可制度**（一定規模以上の開発行為は許可が必要）が導入された。またこの開
発許可制度の実現で開発に伴う費用負担の原則も打ち立てられたのである。

　さらに**用途地域制**についても，従来の3区分から8区分へと区分の詳細化が
図られ〔規制の内容は建築基準法において定められており，1970年（昭和45年）
に改正された〕，より厳密な土地利用規制を目指すこととなった。

　〔**4**〕　**市街地開発事業概念の導入**　　従来から市街地を面的に整備する手法
は都市計画関連法として整備されてきていたが，新法ではこうした面的な事業
を「**市街地開発事業**」と定義し，都市計画体系とのよりいっそうの連携を図る
こととした。

4.6　1968年法以降の動き

　1968年（昭和43年）に抜本的に再編成された新しい都市計画法の下，各都市
は1970年代の急激な都市膨張に対抗することとなったが，都市の抱える課題
は広範であり，かつ社会経済の変化も引き続き激しいものがあったため，その
後も逐次，重要な課題に応じて都市計画法の改正が行われて今日に至っている。
1968年法制定以後のおもな流れを取り上げると表4.1のようになる。

表4.1　1968年法以降のおもな法改正

1980年（昭和55年）	地区計画制度導入
1988年（昭和63年）	再開発地区計画制度導入
1992年（平成4年）	用途地域12区分・市町村の都市計画の基本方針等
1999年（平成11年）	地方分権一括法関連
2000年（平成12年）	都市計画法全般にわたる見直し
2002年（平成14年）	都市再生特別措置法制定
2004年（平成16年）	景観法制定
2008年（平成20年）	歴史まちづくり法制定
2012年（平成24年）	エコまち法制定（都市の低炭素化の促進に関する法律）
2014年（平成26年）	立地適正化計画制度導入（都市再生特別措置法改正）

〔1〕 **計画制度の詳細化** 一般に都市計画法や建築基準法の規制内容は全国一律の基準であるが，地域によっては一般法に規定されていない独自の約束事を民事的な「協定」といった形で維持することによって望ましい環境を創出しようとする努力が積み重ねられていた。地区計画制度は，このように地区レベルでより詳細な内容の約束事を合意した場合それを都市計画として認知し行政としても支援する制度として 1980 年（昭和 55 年）に発足した。それ以後，「地区計画によってより望ましい環境を創出，維持しよう」という動きは全国で定着しつつあるが，同時に「地区計画」という枠組みが地区レベルの建築規制，公共施設計画にかかわる制度的な道具としてさまざまな形で活用されるようになった（詳細は 6.3.1 項参照）。その中には，1988 年（昭和 63 年）に導入された再開発地区計画制度（現在は「再開発等促進区を定める地区計画」と名称変更されている）のように「工場跡地などの再開発を促進するために地区に必要な公共施設の整備など一定の条件を満たせば用途地域の変更を行うことなく建築規制の一部緩和を行うことができる」いわば規制緩和型の仕組みとなっているものもある。また，こうした計画詳細化の波は用途地域制度にも及び，1992 年（平成 4 年）には土地価格の高騰への対応も意識して用途地域の詳細化が行われ，1968 年法で 8 区分とされていた用途地域は 12 区分へ細分化された。

〔2〕 **地方分権の推進** 社会全般にわたる地方分権の動きは 1999 年（平成 11 年）「地方分権の推進を図るための関係法律の整備等に関する法律」（いわゆる地方分権一括法）として結実した。その結果，都市計画行政は「地方公共団体が処理する事務」（いわゆる自治事務）と規定されることとなり，都市計画決定権も「都道府県」と「市町村」に，しかもかなりの部分を基礎自治体である「市町村」が決定できる仕組みになった（これに伴いこれまで任意で行われてきた市町村の都市計画審議会も法定化されている）。また，地方分権一括法に先立つ 1992 年（平成 4 年）の都市計画法改正で市町村は「市町村の都市計画の基本方針」（いわゆる市町村マスタープラン）を定めることができることになり，市民の参加を得ながら都市の将来像を議論するという動きが各地で見受けられるようになった。こうしたマスタープランは個別具体の決定都市計画と違って

各個人の権利を制限するようなことはないが，都市の将来像を共有するシステムとして大きな役割を果たしつつある。

〔3〕　**都市化の時代から成熟する都市の時代への対応**　　1968年法制定から約50年を経て，わが国の経済は高度成長とバブルの崩壊を経験し，社会は少子高齢化を背景にして「急速な都市化の時代」から，「成熟する都市の時代」へと変化しつつある。こうした社会経済の変化を受けて2000年（平成12年）都市計画法全体にわたる見直しが行われ，市町村マスタープランに引き続く広域的なマスタープランとして都道府県が定める「都市計画区域の基本方針」（通称，都市計画区域マスタープラン）が導入されたほか，「準都市計画区域」，非線引き都市計画区域における「特定用途制限地域」の導入や線引き制度の都道府県による選択化，立体的な都市計画施設概念の導入，より積極的な市民参加の手続きの導入などが行われた（詳細は6章参照）。

〔4〕　**都市再生への動き**　　バブル以降の経済の低迷，財政状況の悪化を受けて，社会全般に規制緩和，官から民への動きが加速化された。都市計画分野においても，2001年（平成13年），内閣に都市再生本部（内閣総理大臣が本部長）が設置されるとともに，2002年（平成14年）民間都市開発の促進を意識した「都市再生特別措置法」が制定され，環境，防災，国際化等の観点から都市の再生を目指す「21世紀型都市再生プロジェクト」の推進や土地の有効利用等，都市の再生に関する施策（例えば，国が指定する「都市再生緊急整備地域」における民間からの事業計画提案制度）を総合的かつ強力に推進することとなった。

一方，「量的充足から質の確保」へと国民のニーズが変化したことを受けて，2004年（平成16年）には良好な都市景観を積極的に創り出すために新たに「景観法」が制定され，景観関連施策の充実が図られた（詳細は第12章参照）。

そして疲弊する中心市街地の活性化のために，2006年（平成18年）「中心市街地活性化法」が制定され，あわせて都市計画としても大規模集客施設（床面積10 000 m² 以上の店舗，アミューズメント施設など）の立地が原則として商業系の用途地域に限定されることとなった。

〔5〕 **コンパクト・プラス・ネットワーク** 国勢調査によれば，全国の人口は 2010 年（平成 22 年）の 1 億 2 806 万人をピークに減少し，2020 年（令和2 年）には 1 億 2 623 万人と本格的な人口減少社会に転じた。人口減少に伴い，薄く広がった都市の低密度化が進展し，商業や医療・福祉などの生活サービス機能を維持できなくなる恐れが予見される。また，人口減少に伴い公共交通の利用者が減少し，公共交通事業者の経営環境が悪化し，公共交通のサービス水準が低下するといった負のスパイラルに突入することが予想される。さらに，インフラの維持管理の観点から人口密度と行政コストの関係を見ると，人口密度が高いと行政コストは低い傾向を示し，人口密度が低いと行政コストが高い傾向を示す。それらの課題を解決するため，生活サービス機能と居住を中心拠点や生活拠点に誘導するとともに，それら拠点を公共交通で結ぶ**コンパクト・プラス・ネットワーク**の都市像が示された（**図 4.4**）。

そして，コンパクトシティを実現化する施策として，都市再生特別措置法に基づく**立地適正化計画**が，ネットワークを実現する施策として地域公共交通活

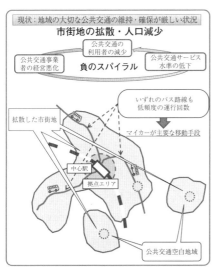
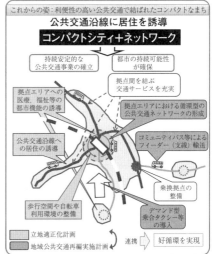

図 4.4 コンパクト・プラス・ネットワークの必要性（国土交通省都市局作成資料「立地適正化計画」（平成 30 年 12 月）より作成）

性化再生法に基づく**地域公共交通計画**が位置づけられた。立地適正化計画は，都市計画区域内の区域についての住宅および都市機能増進施設（医療施設，福祉施設，商業施設その他の都市の居住者の共同の福祉または利便のために必要な施設）の立地の適正化を図るための計画であり，市町村が策定する。そして，都市の居住者の居住を誘導すべき区域として居住誘導区域を設定し人口密度を維持する。都市機能増進施設の立地を誘導すべき区域として都市機能誘導区域を設定し，その区域内への施設の維持と誘導を図っていく。すでに500を超える市町村が立地適正化計画の策定に取り組んでいる。立地適正化計画策定にあたっては，都市計画法第18条の2に基づく市町村マスタープラン（都市計画マスタープラン）との連携と役割分担について整理しておく必要がある。なお，コンパクトな都市の形成にあたっては，災害リスクについても十分に考慮する必要があり，それについては12.1.5項において詳細を述べる。

〔**6**〕　**街路空間の再構築：ウォーカブルな都市の構築**　　都市中心部の活力の低下が叫ばれている中，都市の魅力を向上させ，まちなかに賑わいを取り戻す取組みが求められる。計画的に整備されてきた市街地では，その区域面積の約20〜30％が道路であり自動車中心の基盤であった。しかしながら，都市に対する価値観の変化が見られ，街路空間を自動車中心から人中心に再構築し「居心地がよく歩きたくなる」まちなかの創出が行われるようになってきた。都市再生特別措置法に基づく都市再生整備計画に位置づけることにより，地域のにぎわい創出に寄与していくための規制緩和が図られ，道路や公園，河川空間といった公共施設の占用許可の特例が与えられ，オープンカフェの設置などが可能となり，車道の一部広場化や道路沿道の民有地のオープンスペース化などを行い，居心地の良い空間の創出を行う。そして，官民連携のまちづくりを展開し，エリアの価値を高め，持続可能な都市へとつなげていく。なお，〔5〕の立地適正化計画やウォーカブルな都市の構築を支える制度も都市再生特別措置法に位置づけられており，近年の都市政策は都市再生特別措置法に位置づけられているのが特徴である。

第 **5** 章

都市計画の調査

5.1 調査の意義と範囲

5.1.1 調査の目的と位置づけ

　地形・自然・歴史・産業・交通・土地利用等の条件は，都市によって相互に異なっており，都市の規模・機能等も時間とともに変化していく。都市計画のプランは，このような個々の都市の個性や制約を前提に策定されなければならない。そのため，都市および都市を取り巻くさまざまな状況・条件・特性等を

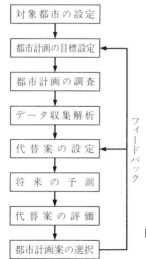

図 **5.1** 都市計画調査の位置づけ

できるだけ幅広く詳細に把握することが必要であり，それによって，その都市の将来動向を適切に予測・評価することが可能となる。データに基づかない都市計画案は客観性や合理性を持たないし，信頼性の低いデータに基づく予測・評価は誤った都市計画案の選択・決定につながる恐れが多い。

　都市計画の調査は，都市計画案を作成するうえで欠くことのできない，基礎的情報を提供することを目的にしており，都市計画のプロセスの中の重要なステップとして位置づけられる（**図5.1**）。

5.1.2　調査の範囲と対象

　都市計画案を作成するうえで必要となるデータは広い範囲にわたっている（**表5.1**）。

表5.1　都市計画案作成のために必要なデータ

項　　目	要　　　　　素
自　　然	気象，地形，地質，植物，動物，災害
環　　境	大気，水域，緑地，景観，生物，公害
歴史文化	史跡，文化財，伝統
社　　会	人口，技術，産業，教育，福祉
経　　済	所得，消費，貿易，産業
土　　地	地目，土地利用，地価，所有
施　　設	道路，鉄道，河川，海岸，港湾，空港，供給処理，オープンスペース，住宅，工業，公益施設
行 財 政	議会，行政，地方財政

　もちろん，都市計画を定めるうえで，これらのデータすべてがつねに必要であるとは限らないし，計画の目的・対象・範囲・規模等によっては一部の限られたデータで十分な場合もある。調査の範囲や対象は，作成しようとする都市計画の目的や性格によって変わってくることを認識する必要がある。

　データの収集に当たっては，できるだけ経年的変化がたどれるように，時系列的に行うことが望ましい。さらに，その都市に関する物的施設や土地利用だけではなく，社会的・経済的条件等の非物的項目についても，収集することが必要であるし，周辺地域のデータや比較すべき他都市のデータも併せて収集することを心がけなければならない。

　都市計画にとって必要なデータには，国・都道府県・市町村等の公的セクターが定期的に公表しているものが多いので，これら既存のデータをできるだけ活用することを考える。なお，都道府県・市町村等の公的機関が作成している都市の将来構想・計画等は，都市計画のベースとなるから第一に収集すべき対象である。

　実際には，既存の統計だけでは不十分な場合が多いので，都市計画の目的に合わせて独自に実態調査を実施することが必要になる。実態調査には母集団全体を調べる悉皆調査と，母集団からサンプルを抽出して調べる標本調査とがあり，標本調査の場合は，標本抽出・拡大・誤差の処理等に十分注意を払う必要がある。なお，実態調査には多額の費用・労力・時間を必要とするから，調査実施に際してはその必要性・対象等について，事前に十分な検討が加えられなくてはならない。

　また，土地利用計画・交通計画・公園緑地計画・供給処理計画等を作成する場合，これらの部門別計画のために必要なデータを別途収集する必要が出てくる。なお，作成しようとする都市計画の目的によって，必要となるデータはそれぞれ異なってくることに留意しなければならない。

　例えば，土地利用計画を作成するためには，土地利用の現況・人口動態・地価・地形地質・公共施設の整備水準・災害の履歴・民間開発の動向・住民の意向等が重要な調査項目となってくる。都市内の一定地区の宅地開発計画のためには，既存住宅の規模や所有形態・土地の権利関係・土地取引事例・地形地質等のデータを収集することが必要である。

　一方，交通計画では人口・自動車台数・経済指標，道路・鉄道・港湾等の施設の現況，鉄道事業・バス事業の経営実態のほかに，都市住民の交通機関に対する選択行動について詳細なデータが不可欠となる。そのためには交通量・パーソントリップ原単位・トリップ目的・交通手段別分担・自動車OD・物資流動等を把握する必要がある。また，地区の道路計画では周辺建築物の実態・土地取引事例・局部的交通等について詳細なデータが求められる。

　さらに，環境問題に主眼を置いた都市計画であれば，地形・気候・大気・河

川・海域等の自然的条件の現況のほかに，人口・産業・交通等の要因が環境に
与えている影響の実態と動向等を調べることが重要となる。

5.1.3　地　　　　　図

　都市計画は物的施設に関する計画であるから，地図による表示が不可欠であ
り，種々の縮尺・対象の地図が利用される。一般に地図は国土地理院により作
成されたものを基本として用いるが，必要に応じて縮尺を変えたり，表示内容
をつけ加えている（**表5.2**）。

表5.2　国土地理院による地図の種類

名　称	縮　尺	対象区域
日本と周辺	1/3 000 000	日本とその周辺
日　　本	1/1 000 000	国土全域
地　方　図	1/500 000	国土全域
地　勢　図	1/200 000	国土全域
地　域　図	1/100 000	首都圏，近畿圏
地　形　図	1/50 000	国土全域
地　形　図	1/25 000	国土全域
地　形　図	1/10 000	おもな都市地域
国土基本図	1/5 000	平野とその周辺
国土基本図	1/2 500	都市計画区域等

　マスタープランの場合，都市全体が1枚の地図に納まるのが望ましいが，大
都市圏では範囲が広域となるので，地図の縮尺を小さくするか，複数の図葉に
分割して表示している。マスタープランの縮尺は都市の規模にもよるが，2万
5 000分の1程度のスケールとすることが多い。

　一方，道路・公園・下水道等の都市施設では，より詳細な図面が必要である
から，縮尺の大きい2 500分の1程度の地図を用いることが多い。さらに市街
地開発事業・下水処理場等の計画では1 000分の1の地図のほか，場合によっ
ては500分の1の図面を用いることもある。

5.2　基 礎 的 な 統 計

5.2.1　指 定 統 計 等

　国・地方公共団体をはじめ公的機関は，国の基本政策を推進するうえで必要となる基礎的情報を得るため，さまざまな統計調査を実施している。このうち，都市計画案を策定するために頻繁に活用される代表的な統計調査として，以下の調査を挙げることができる[1]～[3]†。

　〔1〕　**国勢調査**　　人口関係のデータの中で最も基本的なものは，総務省により全国一斉に実施される国勢調査であり，調査項目としては，性・年齢・配偶関係・世帯・住居・従業地・通学地・人口集中地区等となっている。国勢調査は 1920 年（大正 9 年）以来，5 年ごとに行われてきており，10 年おきに行われる大規模調査と中間年の簡易調査からなっている。

　〔2〕　**工業統計調査**　　経済産業省により全国を対象に毎年実施されており，従業員数・工業出荷額等を調査している。

　〔3〕　**商業統計調査**　　経済産業省により全国を対象に 5 年ごと（中間年に簡易調査を行う）に実施され，卸売業・小売業の従業員数・販売額等について調査している。

　〔4〕　**住宅・土地統計調査**　　総務省により全国を対象に 5 年ごとに実施されており，住宅の種類・所有関係・敷地面積・建築時期・構造・規模・設備・世帯・収入・通勤時間等を調査している。

　〔5〕　**事業所・企業統計調査**　　総務省により 5 年ごとに実施され，農林漁業，個人営業などを除く事業所および企業に対して，所在地・従業員数・資本金額などを調査している。

　なお，このほか 2009 年（平成 21 年）に経済センサス基礎調査が，2012 年（平成 24 年）に経済センサス活動調査が行われている。

5.2.2　都道府県等による統計

　都道府県や市町村は，地域に密着した詳細なデータを数多く提供しているの

---

† 肩付き数字は巻末の参考文献番号を示す。

で，これらは都市計画案の作成に欠くことのできない重要なデータとなっている。そのうち，都市計画案の作成のために特に重要な統計として以下の調査をあげることができる。

〔1〕　**住民基本台帳調査**　　住民票をベースに毎年出される人口のデータである。国勢調査では 5 年ごとのデータしか得られないので，住民基本台帳による時系列データはきわめて重要であり，頻繁に利用される。

〔2〕　**土地利用区分現況調査**　　土地利用関係のデータとしては，国土利用計画法に基づく土地利用区分現況調査が利用できる。

5.3　その他の基礎的調査

5.3.1　都市計画基礎調査

都市計画は，おおむね 20 年先の長期的見通しのもとに作成されるが，法定都

表5.3　基礎調査の項目

分　類	データ項目	分　類	データ項目
① 人　口	人口規模 DID 将来人口 人口増減 通勤・通学移動 昼間人口	⑤ 都市施設	都市施設の位置・内容等 道路の状況
		⑥ 交　通	主要な幹線の断面交通量・ 　混雑度・旅行速度 自動車流動量 鉄道・路面電車等の状況 バスの状況
② 産　業	産業・職業分類別就業者数 事業所数・従業者数・売上金額	⑦ 地　価	地価の状況
③ 土地利用	区域区分の状況 土地利用現況 国公有地の状況 宅地開発状況 農地転用状況 林地転用状況 新築動向 条例・協定 農林漁業関係施策適用状況	⑧ 自然的 環境等	地形・水系・地質条件 気象状況 緑の状況 レクリエーション施設の状況 動植物調査
		⑨ 公害及び 災害	災害の発生状況 防災拠点・避難場所 公害の発生状況
④ 建　物	建物利用現況 大規模小売店舗等の立地状況 住宅の所有関係別・建て方別世帯数	⑩ 景観・ 歴史 資源等	観光の状況 景観・歴史資源等の状況

（資料：国土交通省都市局：都市計画基礎調査実施要領（2019），https://www.milt.go.jp/toshi/tosiko/kisotyousa001.html より作成）

市計画は，おおむね 10 年以内に整備可能なものを都市計画決定している。市街
化区域の設定も 10 年程度先を見通して決定されているが，都市は時間とともに
成長していくから定期的に見直していく必要がある。そのため，都市計画法で
は都市計画区域について都道府県がおおむね 5 年ごとに基礎調査をすべきこと
を定めている。基礎調査の調査事項の中には既存の統計から得られるデータも
多いが，その都度，実態調査をしなければ得られないデータもある（**表5.3**）。

5.3.2　実態調査の必要性

　都市計画案を作成する過程で，都市の実態を正確に把握するために種々の実
態調査を行う必要がある。それらの調査のうち代表的なものは**表5.4**に示すと
おりである。ここでは，都市交通に着目し，総合都市交通計画策定のための基
礎となる自動車OD調査・パーソントリップ調査・物資流動調査について概略
を述べる。

　〔1〕　**自動車OD調査**　　道路計画を策定するために必要な自動車のトリッ
プをとらえるために行われる大規模な調査で，道路交通センサスと呼ばれてい
る。自動車OD 調査は 1958 年（昭和 33 年）に第 1 回の自動車OD 調査が行わ
れ，3 年に一度実施されてきたが，現在では 5 年に一度，全国一斉に行われる
大規模な調査である。自動車OD 調査の一般的な調査項目としては，車種別の
自動車トリップの起終点・輸送品目等を調べている。

　〔2〕　**パーソントリップ調査**　　県庁所在都市や，おおむね人口 30 万人以
上の都市においては，都市圏域の住民の 1 日の行動を把握するため，一般に 10
年に 1 回，パーソントリップ調査が実施されている（**表5.5**）。その手順は以
下のとおりであり，調査票の例を**図5.2**に示す。

　① 都市圏の居住人口のうち人口規模に対応して一定の抽出率により調査対
　　象世帯を抽出する。抽出された世帯を訪問し，調査票を配布する。

　② 調査対象世帯の 5 歳以上の構成員の，1 日の行動を記入した調査票を訪問
　　回収する。

　③ 調査票を集計し，都市圏域 1 人 1 日当りのトリップ原単位を求めるとと
　　もに，トリップの目的構成・交通手段別分担等を調査する。

〔**3**〕 **物資流動調査** 都市圏の物の動きを総合的に把握するための調査として物資流動調査が実施されている（**表5.6**）。これまで大都市を中心に事業所をサンプルし，事業所から発生・集中する物資の品目・数量・重量・輸送手段・起終点等について調べている。物資流動調査とパーソントリップ調査を組み合わせることにより，都市圏全体の総合的な交通計画の立案が可能となると期待されている。

表5.4 都市計画に関連する統計の例

分野	名　称	作成機関	種　別	調査時点	おもな調査項目
人口	国勢調査	総務省	指　定	5年ごと	人口，世帯，配偶，職業，従業他
	人口動態調査	厚生労働省	指　定	毎　月	出生，死亡，婚姻，離婚
	住民基本台帳人口移動調査	総務省	届　出	毎　月	市町村が作成する住民基本台帳により都道府県間の転出，転入状況
産業	工業統計調査	経済産業省	指　定	毎　年	従業者，給与，出荷額，在庫，固定資産，工業用水，用地
	商業統計調査	経済産業省	指　定	5年ごと	商店，店舗，従業員数，産業，組織
	事業所・企業統計調査	総務省	指　定	5年ごと	事業所数，従業員数，産業，組織
自然土地	日本気候図	気象庁	縮尺1/400万〜1/800万	10年ごと	気温，降水量，風向，湿度
	日本地質図	日本調査所	縮尺1/200万	毎　年	地質
住宅建築	住宅・土地統計調査	総務省	指　定	5年ごと	住宅数，居住室数，空家数，敷地面積，居住水準，住宅密度
	住宅市場動向調査	国土交通省	承　認	毎　年	住宅の所有，居住人数，床面積，敷地面積，資金
	建築着工統計調査	国土交通省	指　定	毎　月	着工建築物数，敷地，床面積
交通運輸観光	全国貨物純流動調査	国土交通省	承　認	5年ごと	都道府県間の貨物純流動
	全国道路交通情勢調査	国土交通省	承　認	5年ごと	自動車車種別のOD表
	全国旅行動態調査	国土交通省	承　認	5年ごと	旅行回数・日数，同行者人数，宿泊施設，旅行費用，主要交通手段
	自動車輸送統計調査	国土交通省	指　定	毎　年	貨物輸送量，旅客輸送，燃料消費量，自動車保有車両数，走行距離
	港湾調査	国土交通省	指　定	毎　年	海上出入貨物トン数，輸出入貨物品目，仕向仕出港，コンテナ個数，シャーシ台数，輸出入貨物トン数

表5.5　パーソントリップ調査実施都市圏の概要

	調査年月	区域設定の考え方	対象市町村	総人口 [万人]	抽出率 [%]	総トリップ [万トリップ/日]	対象人口1人当り平均トリップ数	外出人口1人当り平均トリップ数	外出率 [%]	自動車保有率 (台/千人)	産業別人口構成 (1次:2次:3次)
第4回 道央	2006年10月	札幌市への通勤・通学の依存率5%以上	7市3町	245.9	3.95	588.1	2.49	3.09	80.4	566	2:17:81
第5回 仙台	2017年10~11月	仙台市への通勤・通学依存率が10%以上を基本として設定	6市11町1村	162	3	369	2.38	2.86	83.2	517	2:20:78
第6回 東京	2018年10~12月	東京を中心とするほぼ50km圏内(茨城県南部を含む)	1都4県	3690	東京区部0.84 その他の地域1.05	7373	2.00	2.61	76.6	417	1:19:79
第4回 静岡中部	2012年11~12月	静岡市への通勤・通学の依存率が5%以上の地域	5市6町	110	6.60	303	2.90	3.31	87.6	659	4:34:62
第5回 中京	2016年10~11月	名古屋市、豊橋市、豊田市、美濃加茂市への通勤・通学の依存率が5%以上を基本として設定	58市36町2村	1002	2.83	2279	2.4	2.96	81.2	658	―
第5回 京阪神	2010年10~11月	滋賀県、京都府、大阪府、奈良県、和歌山県全域	111市72町15村	2065	3.5	4538	2.29	2.87	79.8	374	―
第2回 広島	1987年10月	広島市への通勤・通学依存率が10%以上を基本	4市5町	150	7	396	2.82	3.21	87.8	349	3:31:66
第4回 北部九州	2005年10月~2006年1月	北九州市・福岡市への通勤・通学依存率が5%以上の地域を基本として設定	26市50町1村	504	北九州4.39 その他3.85, 1.69	1123	2.34	2.85	82.2	610	4:23:73
第3回 沖縄中南部	2006年10~12月	・既往PT調査との関連性(既往PTと同一市町村)・地域の計画単位との整合性(広域市町村圏と一致)・通勤・通学、自動車の交通流動圏域(5%圏域)	読谷村、うるま市以南17市町村	111	5.2	265	2.49	2.90	86.0	599	3:16.3:80.7

((公財) 都市計画協会：都市計画ハンドブック2020, pp.254-282, (公財) 都市計画協会 (2021))

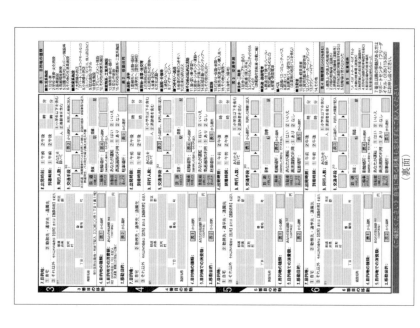

（裏面）

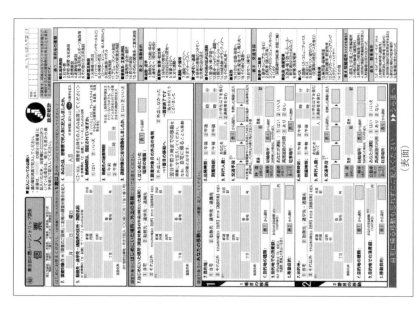

（表面）

図5.2　交通実態調査票

表 5.6 物資流動調査実施都市圏の概要

	調査年	区域	事業所数 [万件]	抽出率 [%]	従業者数 [万人]	物資量 [万トン] 全流動量	発生量	集中量	夜間人口1人当り全流動量 [kg/人]	1事業所当り全流動量 [kg/か所]	従業者1人当り全流動量 [kg/人]	敷地面積当り全流動量 [トン/ha]	延床面積当り全流動量 [トン/ha]	発生物資の主輸送手段分担率 [%] 自家用貨物車	営業用貨物車	鉄道	船舶	その他
道央	1979	札幌市を中心とする28市町村	10	6.6*1	93	44.6	25.1	36.3	181	4 434	480	14	64	17.5	28.5	7.3	46.5	0.2
第3回仙台	1997	仙台市を中心とする半径30km、20市町村	3.6	15.0	39	16	10	10	107	4 425	403	40	84	19.4	55.2	2.5	21.1	1.7
第5回東京	2013	東京、神奈川、埼玉、千葉、茨城南部・中部、栃木南部および群馬南部	20	21.7	556	285	218	218	68	16 520	513	54	103	22.2	68.3	0.3	7.1	2.0
第5回中京	2016	名古屋市を中心とする103市町村	38.8	3.5	452	148	121	106	135	3 802	326	–	–	10.0	79.1	1.1	6.4	3.4
第5回京阪神	2015	滋賀、京都、大阪、兵庫、奈良、和歌山(奈良山は一部地域を除く)	10.3	11.6	361.7	135	87	115	65	13 053	373	14	28	37.5	54.6	0.0	5.2	2.6
第3回北部九州	1998	福岡市、北九州市を中心とする25市59町1村	25	事業所 3.9 従業者 2.4	234	–	0.67*2	0.73*3	–	–	–	–	–	–	–	–	–	–

* 1 冬期については全区域、業種を限定し抽出率11.5%で実施
* 2 福岡市都心部（中央区・博多区の一部）のみ
（（公財）都市計画協会：都市計画ハンドブック2020, pp.283 - 285.（公財）都市計画協会（2021））

第6章

都市計画の立案と実現

6.1 マスタープランの役割

6.1.1 総合計画とマスタープラン

〔1〕 **地方公共団体の総合計画**　　市町村は，将来目指すべき行政の目標や施策等を**総合計画**として策定する。市町村総合計画の対象は市町村行政の全分野をカバーしていて，住宅や公共公益施設等の物的計画（physical planning）だけではなく，教育・福祉・財政等の非物的計画（non-physical planning）も含んでいる。また，市町村総合計画は通常基本構想・基本計画・実施計画の3段階に分けられているが，そのうち基本構想は議会の議決を受ける場合が多い。ふつう，実施計画は一定期間ごとに計画の達成度をチェックし，見直すローリングプランとなっている。

　一方，一般に，都道府県も総合計画を策定している。都道府県総合計画は，都道府県が市町村を行政全般にわたって指導・監督する際の指針となっていて，市町村総合計画のフレームや基本方針の設定等に対しても強い影響力を持っている。市町村総合計画および都道府県総合計画は長期的な行政の目標・方針を明らかにするものであり，住民に広く周知されるとともに毎年の予算・事業実施の基礎となる。

　ところで，市町村総合計画は将来の単なる予測ではなく，市町村の将来への期待や願望も込められた内容となっている。そのため，例えば市町村総合計画の将来想定人口を合計すると，都道府県総合計画の将来想定人口を大きく上回

ってしまうケースもしばしば起きている。さらに市町村の掲げる目標が高すぎて，実施計画どおりに事業を推進することが困難となる状況も生じている。

〔2〕 **マスタープラン** 将来における人口・産業・交通・土地利用等の予測に基づき，都市の整備目標・土地利用計画・物的施設の配置や規模・整備方針等を総合的に計画したものが**マスタープラン**（**都市基本計画**, master plan または general plan）である。

マスタープランは，通常図面で表示されることが多いが，文章のみで表現される場合もある。いうまでもなく，マスタープランは上位計画や総合計画等と整合性を保ったものでなくてはならないし，土地利用・交通・公園緑地・上水道・下水道・住宅・工業・商業等の部門相互が整合性を持つように総合的・有機的に計画されなければならない（**図6.1**）。なお，マスタープランは，その都市のビジョンを表しているから，熟度や実現性の低い構想や計画も含んでいる場合が多い。マスタープランは第三者に対して法的に強制力を持つものではないが，公的セクターにとっては，事業を実施するうえで前提となるべき重要な計画として位置づけられる。

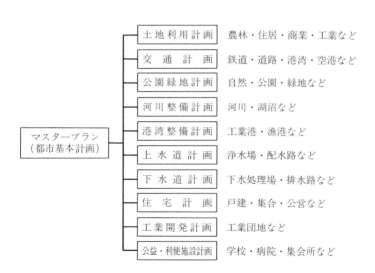

図6.1 マスタープランの体系

6.1.2 マスタープランと法定都市計画

〔1〕 **法定都市計画の役割** 　都市計画は，健康で文化的な都市生活および機能的な都市活動が可能となるように，都市全体の土地の合理的利用を定めることを目的としている。しかし，都市全体にとって望ましい都市計画は，しばしば個々の土地の利用にとっては制約となり，私権の制限を伴う。

　このように都市計画は，個人や企業等の社会・経済活動にさまざまな影響を与えるので，都市計画の範囲・決定手続き・制限・事業等については法律に定め，社会全体が遵守していく必要がある。このための法律が**都市計画法**であり，この法律により定められた都市計画を**法定都市計画**と称している。

　いったん，法定都市計画が定められると公的セクター，民間セクターを問わず決定内容に従わなくてはならない。例えば，国や地方公共団体等の公的セクターは，法定都市計画に定められた内容に即して，所管している公共公益施設の整備を推進することになるし，民間の建設・建築活動も都市計画決定の内容に合致していなければならない。つまり法定都市計画は，法的規制力により都市計画を実現させていくという重要な役割を有している。

　法定都市計画の一つである用途地域を例にとると，地域ごとの建築物の種類や容積率・建蔽率等が定められていて，その土地の利用について制限を加える規制的な計画となっている。

〔2〕 **マスタープランと法定都市計画** 　都道府県は都市計画区域ごとに**整備，開発及び保全の方針**を都市計画で定めることになっており，これを都市計画区域のマスタープランと称している。さらに，市町村は**都市計画に関する基本的な方針**を定め，公表することになっており，これを市町村マスタープランと呼んでいる。

　マスタープランは，おおむね20年先の物的施設・土地利用に関する構想や計画から成り立っていることが多いが，都道府県や市町村が都市計画を定める場合，都市計画区域のマスタープランや市町村マスタープランに即したものでなければならない（図6.2）。

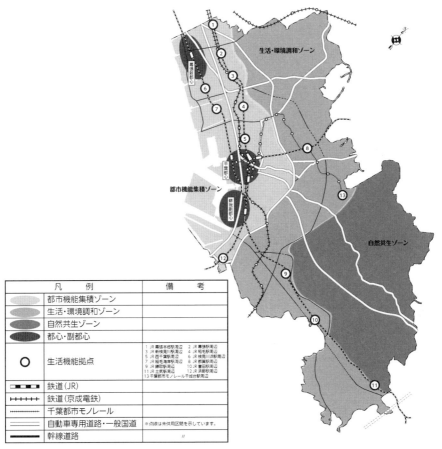

図6.2 千葉市のマスタープラン（資料：千葉市 https://www.city.chiba.jp/sogoseisaku/
sogoseisaku/kikaku/new-gplan.html の千葉市新基本計画より作成）

6.2 法定都市計画の範囲と制度

6.2.1 法定都市計画の範囲

　国土利用計画法では全国を農業地域・森林地域・都市地域・自然公園地域・
自然保全地域の五つに区分することが定められている。この中で，一体の都市
として総合的に整備・開発および保全する必要がある地域を都市地域として区

分している。

　一方，都市計画法では都市計画を定めるべき区域を**都市計画区域**に指定しているが，都市計画区域は，上位計画である国土利用計画法の中の都市地域と一致するように定められる。都市計画区域の指定は，都道府県が国土交通大臣の同意を受けて行うが，複数の都府県の区域にわたる都市計画区域は，国土交通大臣により指定される。

　都市計画区域は市または町村の中心市街地を含み，自然・人口・土地利用・交通・社会的条件等から見て一体的に整備・開発および保全すべき区域から構成されている必要がある。なお，ここでいう町村の中心市街地としては以下の①〜③までが対象となっている。

① 現在または10年以内に人口が1万人以上となり，かつ全従業者数のうち，商工業従事者が50％以上となる町村の中心市街地

② 人口が3 000人以上の中心市街地

③ 観光地または災害により復興が必要な町村の中心市街地

なお，これ以外に首都圏整備法・近畿圏整備法・中部圏開発整備法で定めている都市開発区域の中やニュータウン等の開発を行う際にも，都市計画区域を指定することができる。都市計画区域は，必ずしも一つの市町村の行政区域に含まれるとは限らないので，複数の市町村の区域にわたって指定することができるようになっている（**表6.1**）。

　また，都市計画区域外において，高速道路のインター周辺や幹線道路の沿道

表6.1　都市計画区域の指定状況（2019年3月31日現在）

区　分	都　市　数				都市計画区域数	面　積〔km²〕	現在人口〔万人〕
	市	町	村	計			
都市計画区域（A）	787	529	36	1 352	1 003	102 446	11 999
区域区分対象	441	174	11	626	255	52 200	9 958
全　国（B）	793	743	183	1 719	－	377 974	12 744
A/B〔％〕	99.2	71.2	19.7	78.7	－	27.1	94.2

（（公財）都市計画協会：都市計画ハンドブック2020，pp.6 - 7，（公財）都市計画協会（2021））

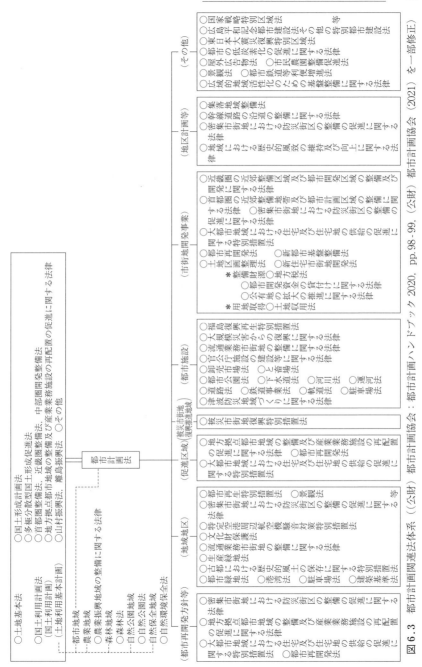

図 6.3 都市計画関連法体系 ((公財) 都市計画協会:都市計画ハンドブック 2020, pp. 98 - 99, (公財) 都市計画協会 (2021) を一部修正)

等で，大規模な開発・建築が行われ無秩序な土地利用が進んでいるが，これに対処するために，市町村は，都市計画区域外であっても，建築や造成が行われている区域等を**準都市計画区域**として指定することができる。

6.2.2　都市計画に関連する法制度

都市計画は都市計画法の手続きに従い定められるが，その内容は上位計画である国土形成計画法や国土利用計画法等で定められた内容と整合していなければならない。また都市計画は首都圏整備法・近畿圏整備法等の地域整備のための法律をはじめ，他の法律で定められた内容とも整合していなければならない。

さらに，都市計画で定められた内容を実現するためには，計画の調整だけではなく，土地の取得・転用や税の軽減等が不可欠である。これらの事項に関しては土地収用法・農地法・租税特別措置法等の法律が制定されていて，都市計画に定められた事業と連動して適用できる仕組みとなっている。また道路・公園・下水等の都市施設や面的整備事業についても，道路法・都市公園法・下水道法・土地区画整理法等の法律が定められていて，都市計画で定められた内容が事業として円滑に進むように体系づけられている（**図6.3**）。

6.3　法定都市計画の内容と手続き

6.3.1　都市計画の種類と内容

都市計画法では都市計画の種類を，① 都市計画区域の整備，開発および保全の方針，② 区域区分，③ 都市再開発方針等，④ 地域地区，⑤ 促進区域・遊休土地転換利用促進地区・被災市街地復興推進地域，⑥ 都市施設，⑦ 市街地開発事業，⑧ 市街地開発事業等予定区域，⑨ 地区計画等に区分している。

〔1〕 **都市計画区域の整備，開発及び保全の方針**　　都市計画区域ごとに，都市計画の目標・区域区分決定の有無・その方針，および土地利用・都市施設・市街地開発事業に関する方針を**整備，開発及び保全の方針**として都市計画で定めなければならない。整備，開発及び保全の方針は，法定都市計画のマスタープランであって他の都市計画の前提となり，その詳細は地方公共団体の判断に委ねられている（**表6.2**）。

表6.2 整備, 開発及び保全の方針の内容

都市計画の目標	都市づくりの理念・人口や産業等の実現目標
区域区分決定の有無	・区域区分を行うか否か ・区域区分を定めるときは, 市街地の規模・密度構成についての方針
都市計画の決定の方針	・用途地域・大規模な風致地区・根幹的な道路や公園の都市施設・市街地開発事業の都市計画決定の方針

〔2〕 **区域区分**　都市計画区域のうち, すでに市街地を形成している区域, およびおおむね 10 年以内に優先的・計画的に市街化を図るべき区域を**市街化区域**として定める。一方, 都市計画区域のうち市街化区域を除いた区域は**市街化調整区域**とし, 市街化を抑制する。都市計画区域をこのように市街化区域と市街化調整区域に区分（**線引き**）することを**区域区分**という（**図6.4**）。

　区域区分を行うことにより都市の無秩序な拡大を抑制し, 都市を適切な規

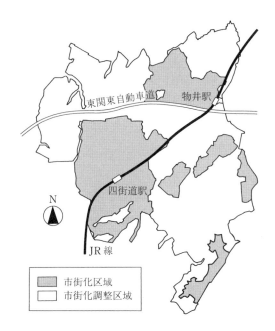

図6.4　区域区分（四街道市）

模・密度に誘導することができる。また市街化すべき範囲が限定されるので，道路・下水・公園等の都市基盤整備を市街化区域内に計画的・集中的に行うことが可能となる。逆に，市街化調整区域ではスプロールの防止・自然環境の保全・農業の振興等を実現することが可能となる。なお区域区分は，三大都市圏や政令指定都市において定めなくてはならないが，それ以外の都市では都道府県の判断により，線引きを行うかどうか選択することができる。

〔3〕　**都市再開発方針等**　　都市計画区域について，① **都市の再開発の方針**，② 大都市における**住宅市街地の開発整備の方針**，③ 地方拠点都市地域における**拠点業務市街地の開発整備の方針**，④ 密集市街地における**防災街区の整備の促進に関する方針**を必要に応じて定めることとなっている。

〔4〕　**地域地区**　　都市内の土地は，道路・公園・下水道等の公共施設，病院・学校のような公益施設，住宅，商業，工業等のさまざまな用途に利用される。都市内の土地は機能的に異なった地域に分化する傾向を有しているが，この傾向に計画性を与え，土地利用を合理的かつ効率的にしていくことが都市計画の重要な役割となっている。すなわち土地利用のあり方として，異なる用途の建築物や工作物が混在することを避け，できるだけ同種類，同系統の建築物や工作物を集め純化していくことが望ましい。そのために，個々の土地の利用に制限を加えることができる地域地区を都市計画で定めることになっている。

（**a**）　**用途地域**　　土地利用を純化し，市街地の開発密度等をコントロールするための，基本的な制度が**用途地域制**であり，13種類の区分がある（**表6.3**）。区域区分を行っている都市計画区域においては，市街化区域内は用途地域を指定しなければならないが，市街化調整区域では原則として，用途地域を定めない（**図6.5**）。それぞれの用途地域内では，建物の用途，容積率，建蔽率・道路や敷地の境界からの斜線制限が定められている（7.4節参照）。なお，住居系の用途では日照に対する規制も加えられている。

（**b**）　**特定用途制限地域**　　区域区分を定めていない都市計画区域のうち，用途地域が定められていない区域においては，大規模店舗・レジャー施設などが無秩序に立地し，環境の悪化・無秩序な土地利用となるおそれがある。これ

表6.3 用途地域の区分

種 類	目的・内容
第一種低層住居専用地域	良好な低層住宅地の環境を保護する地域
第二種低層住居専用地域	主として良好な低層住宅地を保護する地域
第一種中高層住居専用地域	良好な中高層住宅地を保護する地域
第二種中高層住居専用地域	主として良好な中高層住宅地を保護する地域
第一種住居地域	住宅地としての環境を保護する地域
第二種住居地域	主として住宅地としての環境を保護する地域
準住居地域	自動車関連施設等と調和した住宅地としての環境を保護する地域
田園住居地域	農業の利便性を図りつつ低層住宅の環境を保護する地域
近隣商業地域	近隣の住宅に対する日用品の供給のための商業やその他の業務の利便を増進する地域
商業地域	主として商業その他の業務の利便を増進する地域
準工業地域	主として環境の悪化をもたらす恐れのない工業の利便を増進する地域
工業地域	主として工業の利便を増進する地域
工業専用地域	工業の利便を増進する地域

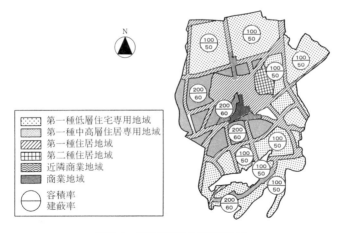

図6.5 四街道駅周辺の用途地域

に対処するため，市町村は**特定用途制限地域**を定め，特定の建築物の建築を制限することができる。

（c） **商業地域**における**特例容積率適用区域**　公共施設を備えた区域で土

地の高度利用を図るため，商業地域内の一定の地区で関係権利者の合意に基づき，容積率を再指定することができる。

（**d**）　**その他の地域地区制度**　　用途地域・特定用途制限地域以外にも，土地の合理的利用を図るために，都市計画では**表6.4**に示すような地域地区を，必要に応じて定めることができる。例えば，

① 用途地域内において，土地利用の増進・良好な環境の保持等のために，建築物の用途等を規制するための**特別用途地区**を定めることができる。

② 建築物の容積率の最高限度および最低限度，建蔽率の最高限度等を**高度利用地区**により定めることができる。

③ 耐火建築物または簡易耐火建築物の建築を義務づけるため**防火地域，準防火地域**を定めることができる。

④ 建築，宅地造成，木材の伐採等について規制し，都市の風致を守るため**風致地区**を定めることができる。

⑤ 市街化区域内であっても$500\,\mathrm{m}^2$以上の農地であれば，農業を存続することを認めていく**生産緑地地区**を定めることができる。なお2017年（平成29

表6.4　その他の地域地区制度

特別用途地区	特定街区	流通業務地区
特別工業地区	都市再生特別地区	生産緑地地区
文教地区	居住調整地区	伝統的建造物群保存地区
小売店舗地区	特定用途誘導区域	航空機騒音障害防止地区
事務所地区	防火地域	航空機騒音障害防止特別地区
厚生地区	準防火地域	市街地再開発促進区域
娯楽・レクリエーション地区	特定防災街区整備地区	土地区画整理促進区域
観光地区	景観地区	住宅街区整備促進区域
特別業務地区	風致地区	拠点業務市街地整備土地区画
中高層階住居専用地区	駐車場整備地区	整理促進地域
商業専用地区	臨港地区	遊休土地転換利用促進地区
研究開発地区	歴史的風土特別保存地区	被災市街地復興促進地域
特定用途制限地域	第一種歴史的風土保存地区	地区計画
特例容積率適用地区	第二種歴史的風土保存地区	防災街区整備地区計画
高層住宅誘導地区	緑地保全地域	歴史的風致維持向上地区計画
高度地区	特別緑地保全地区	沿道地区計画
高度利用地区	緑化地域	集落地区計画

年)に生産緑地法が改正され，条例で $300\,m^2$ まで引き下げ可能となった。

⑥ 商業・近隣商業地区等において駐車場を整備促進すべき地区を**駐車場整備地区**として定めることができる。

⑦ 流通施設を計画的・集中的に立地させるために**流通業務地区**を定めることができる。

⑧ 積極的に良好な景観の形成を図る地区として**景観地区**を定めることができる。

〔5〕 **促進区域等** 市街地の計画的な整備または開発を促進するために，市街地再開発促進区域・土地区画整理促進区域・住宅街区整備促進区域・拠点業務市街地整備土地区画整理促進区域を定めることができる。また，市街化区域内の大規模な遊休地の土地利用を転換し，都市の機能を増進するために遊休土地転換利用促進地区，大規模な火災や震災等により焼失した市街地の計画的な整備改善を図るための被災市街地復興推進地域や，都市の再生に貢献し，土地の合理的かつ健全な高度利用を図るための**都市再生特別地区**を定める。

〔6〕 **都市施設** 道路・下水・公園等の都市施設は都市にとって必要不可欠な施設であり，規模や重要度もさまざまであるが，これら都市施設のうち基幹的なものを都市計画に定める（**表6.5**，**図6.6**）。

都市施設のうち都市計画決定されたものを**都市計画施設**と称しているが，都市計画施設の区域内では建築活動が厳しく規制される。特に知事が指定した都市計画施設の区域内では，一切の建築を禁止することができる一方，土地所有者は都道府県知事に対し土地の買取りを請求できることになっている。

〔7〕 **市街地開発事業** 既成市街地の再開発や新市街地の整備を面的に進めるための区域を都市計画において定める。市街地開発事業の都市計画は，**土地区画整理事業・新住宅市街地開発事業・工業団地造成事業・市街地再開発事業・新都市基盤整備事業・住宅街区整備事業・防災街区整備事業**の7種類の事業手法に対応してそれぞれ定められる。

〔8〕 **市街地開発事業等予定区域** 新住宅市街地開発事業・工業団地造成事業・新都市基盤整備事業・1団地の住宅施設や官公庁施設・流通業務団地に

表6.5　都市計画施設の種類

道　路	墓　園	体育館・文化会館等
自動車専用道路	その他の公共空地	病　院
幹線街路	水　道	保育所
区画街路	公共下水道	診療所等
特殊街路	都市下水路	老人福祉センター等
駅前広場	流域下水道	火葬場
都市高速鉄道	汚物処理場	一団地の住宅施設
自動車駐車場	ごみ焼却場	一団地の官公庁施設
自転車駐車場	地域冷暖房施設	流通業務団地
自動車ターミナル	ごみ処理場等	一団地の津波防災拠点市街地形成施設
空　港	ごみ運搬用管路	一団地の復興拠点市街地形成施設
軌　道	市　場	防潮堤
港　湾	と畜場	防火水槽
通　路	河　川	河岸堤防
交通広場	運　河	公衆電気通信の用に供する施設
公　園	水　路	防水施設
緑　地	学　校	地すべり防止施設
広　場	図書館	砂防施設

図6.6　都市施設（四街道駅周辺）

ついては，3年以内に都市計画決定ができるように，必要に応じて**予定区域**を
定めることができる。

〔9〕 **地区計画等** 　　地域地区制度だけでは，市街地のバラ建ちやミニ開発
の防止，緑化や景観の向上等のきめ細かい規制が困難である。そこで，地区の
細街路・小公園・建築物の形態・緑化等について規制できる**地区計画**がある。
なお，一般的な地区計画のほかに，① 土地の合理的な高度利用を目指す**住宅地
高度利用地区計画**，② 都市機能の更新を目途とする**再開発地区計画**，③ 災害
時の延焼防止や避難機能を確保するための**防災街区整備地区計画**，④ 道路交通
騒音による障害を防止する**沿道地区計画**，④ 営農と居住環境の両立を目指す**集
落地区計画**がある。これらの法定都市計画を表したものが都市計画図である。

6.3.2 都市計画の手続き

〔1〕 **都市計画の決定者** 　　都市計画の決定は市町村または都道府県が行う
が，都市計画区域の整備，開発および保全の方針，区域区分，市町村の区域を
超えるような都市施設，大規模な市街地開発事業等の基幹的・広域的な都市計
画は都道府県が決定し，それ以外は市町村が決定者となる。なお，2以上の都
府県の区域にわたる都市計画区域に係わる都市計画は，国土交通大臣および市
町村が定める。

〔2〕 **都市計画の決定手続き** 　　都市計画を決定する手続きは都市計画法に
定められていて，以下のようなプロセスをとるが，都道府県・市町村は手続き
について，条例で必要な規定を定めることもできる（図6.7，図6.8）。

① 都道府県または市町村が都市計画を決定しようとするときは，都市計画
　の案を2週間公衆に**縦覧**する。なお，都道府県または市町村は都市計画
　の案を作成するに当たって**公聴会**を開催することができる。

② 縦覧期間中に関係市町村の住民や利害関係人は，都市計画の案に対して**意
見書**を原案作成者である都道府県または市町村に提出することができる。

③ 都道府県は関係市町村の意見を聞き，**都市計画審議会**の議を経て，都市計
　画を決定する。なお，大都市およびその周辺の都市において，国の利害に
　重大な関係がある都市計画決定をしようとする場合，あらかじめ国土交

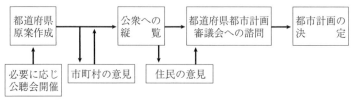

図6.7　都道府県が定める都市計画の決定手続き

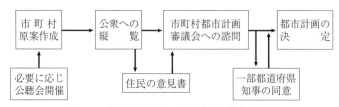

図6.8　市町村が定める都市計画の決定手続き

通大臣と協議しその同意を受けなければならない。

④ 市町村が都市計画を定める場合，あらかじめ都道府県知事と協議し，その同意を受けなければならない。

⑤ 市町村は，準都市計画区域について都市計画決定をしようとするときは，あらかじめ，都道府県知事の意見を聞かなければならない。

6.4　都市計画の規制と事業

6.4.1　都市計画の規制

〔1〕　都市計画制限の種類　　都市計画区域内または準都市計画区域内での建築活動を放任しておくと，将来，都市計画施設の整備や面的事業を実施することが著しく困難になる。そこで，これらの区域内では土地の造成や建築等に規制が加えられる。

都市計画を定めることにより生ずる制限を**都市計画制限**と呼ぶが，都市計画制限には，① 開発行為等の規制，② 市街地開発事業等予定区域内の建築等の規制，③ 都市計画施設等の区域内における建築等の規制，④ 風致地区内における建築等の規制，⑤ 地区計画等の区域内における建築等の規制，⑥ 遊休土地転換利用促進地区内における土地利用に関する措置等がある。ここで，**開発**

行為とは，建築物の建築や特定工作物の建設を目的に行う土地の区画形質の変更を示している。

〔2〕 **開発行為等の規制** 都市計画区域または準都市計画区域内で開発行為をしようとする者は，あらかじめ都道府県知事の許可を受けなければならない。なお，一定の規模以下の開発行為・公益上必要な建築物のための開発行為等で，市街化区域・区域区分が定められていない都市計画区域・準都市計画区域内で行われるものは，開発許可を必要としない。

逆に，市街化調整区域での開発行為は，おおむね 50 以上の建築物が連担する既存集落等の区域を除き，農業林業のための建築物・周辺地域のための日常品販売加工店舗・ごみ処理や危険物処理など，市街化区域内に立地できない施設以外，開発許可されないことになっている。なお，開発許可の基準は政令および都道府県の条例で定めることになっている。

〔3〕 **都市計画施設等の区域内の建築の規制** 道路・下水道・公園等の都市計画施設内や土地区画整理事業・市街地再開発事業・新住宅市街地開発事業等の市街地開発事業の区域内においては，建築を行うために知事の許可が必要となる。その場合，2 階以下の地階を持たない木造・鉄骨等の建築物を除いて建築できないこととなっている。

〔4〕 **地区計画等の区域内における建築等の規制** 地区計画等の区域内において，道路・公園・土地利用等に関する地区整備計画が定められると，土地の造成や建築等を行う際，市町村長に届出が必要になる。また，届出が地区計画に適合していないときには，市町村長は設計の変更等を勧告できることになっている。

〔5〕 **その他の都市計画制限** 市街地開発事業等の予定区域内や風致地区内においても土地の造成や建築等について規制が加えられている。

6.4.2 都市計画事業

〔1〕 **都市計画事業の施行者** 市町村が都道府県知事の認可を受けて行う都市計画施設の整備事業および市街地開発事業を**都市計画事業**という。また，都道府県や国の機関は，国土交通大臣の認可や承認を受けて都市計画事業を施

行することができる。市町村・都道府県・国の機関以外であっても，知事の認可を受けた者は都市計画事業を施行することができる。

〔2〕　**都市計画事業制限**　　都市計画事業が始まった後においては，都市計画事業の施行の障害となる土地の造成や建築は許可されない。なお事業地内の土地建物を売却しようとする者がいた場合，事業施行者がその土地を先買いすることができることとなっている。逆に，事業地内の土地保有者は事業施行者に対して土地の買取りを請求することができる。

〔3〕　**土地等の収用**　　道路・公園・下水道等の都市計画施設の整備事業や新住宅市街地開発事業・工業団地造成事業等は公共性のきわめて高い事業といえる。これらの公共性の高い都市計画事業を推進するためには，事業に必要な土地を確保することが不可欠であるから，これらの事業施行者には土地を収用する権限が与えられている。

6.4.3　市街地整備基本計画

　市街地整備基本計画は市街地整備に関する長期的・総合的なプログラムであり，市街地整備にかかわる都市計画の決定・公共事業の実施・官民の宅地開発等に対する指針として位置づけられる。なお，都市計画で定められた内容を実現していくためのプログラムであるから，その都市の財政状況を考えた実効性のある計画でなければならない（**表6.6**）。

表6.6　市街地整備基本計画の概要

① 都市の将来目標
② 近隣住区などの整備課題
③ 要整備地区と要整備根幹的都市施設（道路・公園・下水道・教育施設・河川等）に関する整備プログラム（整備手法・整備主体・整備時期）

第 7 章

土地利用の計画

7.1 土地利用の実態と課題

7.1.1 人口の都市集中と土地利用の実態

〔1〕 **人口の都市集中**　戦後，都市への人口の集中が続き，市部の人口は1950年（昭和25年）の37.3%から2015年（平成27年）の91.4%へと，そのシェアを大幅に増やしている（**表7.1**）。わが国の人口は2008年（平成20年）にピークとなり，以降減少していく。そのうち三大都市圏の人口は約半数を占

表7.1　都市部への人口集中

年次	市　　部		郡　　部		全国人口
	人口〔千人〕	人口の割合〔%〕	人口〔千人〕	人口の割合〔%〕	
1930	15 444	24.0	49 006	76.0	64 450
1935	22 666	32.7	46 588	67.3	69 254
1940	27 578	37.7	45 537	62.3	73 114
1945	20 022	27.8	51 976	72.2	71 998
1950	31 366	37.3	52 749	62.7	84 115
1955	50 532	56.1	39 544	43.9	90 077
1960	59 678	63.3	34 622	36.7	94 302
1965	67 356	67.9	31 853	32.1	99 209
1970	75 429	72.1	29 237	27.9	104 665
1975	84 967	75.9	26 972	24.1	111 940
1980	89 187	76.2	27 873	23.8	117 060
1985	92 889	76.7	28 160	23.3	121 049
1990	95 644	77.4	27 968	22.6	123 611
1995	98 009	78.1	27 561	21.9	125 570
2000	99 865	78.7	27 061	21.3	126 926
2005	110 264	86.3	17 504	13.7	127 768
2010	116 549	91.0	11 508	9.0	128 057
2015	116 137	91.4	10 958	8.6	127 095

（（公財）都市計画協会：都市計画ハンドブック2020，p 294，（公財）都市計画協会（2021））

め，しばらくの間増加すると予想されているから，非都市圏および，中小都市圏の人口はいっそう減少していく。なお，関東，中部，近畿の三大都市圏への人口の社会増は著しいものがあったが，近年ではその勢いは低下する傾向にあり，自然増加率の低下と相まって将来の人口減少・高齢化は急速に進展すると予想されている。

〔2〕 **都市内の人口密度**　都市化が進展し人口が集中するに伴い，市部の人口密度は高くなってきている（**表7.2**）。しかし，都市内の**人口集中地区**（人口密度40人/ha以上の国勢調査区が隣接している5000人以上を有する地域を人口集中地区と呼ぶ。densely inhabited district；DID）について見ると，面積が拡大してきているので，居住の密度は逆に低くなってきている。言い換えると，都市の平面的拡大がいっそう進んできていることを示している。

〔3〕 **都市内の土地利用**　国土利用計画法による地域指定によれば，国土

表7.2　市部および人口集中地区の人口密度

指標	市　部			人口集中地区		
	面積km²〔%〕	人口〔千人〕〔%〕	人口密度〔人/km²〕	面積km²〔%〕	人口〔千人〕〔%〕	人口密度〔人/km²〕
1960	82 904 (22.0)	59 678 (63.3)	679	3 865 (1.03)	40 830 (43.3)	10 298
1970	95 383 (25.3)	75 429 (72.1)	791	6 444 (1.71)	55 997 (53.5)	8 690
1980	102 651 (27.2)	89 187 (76.2)	869	10 015 (2.26)	69 935 (59.7)	6 983
1990	103 882 (27.5)	95 644 (77.4)	921	11 732 (3.11)	78 152 (63.2)	6 661
1995	105 092 (27.8)	98 009 (78.1)	933	12 255 (3.24)	81 255 (64.7)	6 630
2000	105 999 (28.1)	98 865 (78.7)	933	12 457 (3.30)	82 810 (66.2)	6 648
2005	181 792 (48.1)	110 264 (86.3)	607	12 560 (3.32)	84 331 (66.0)	6 714
2010	216 209 (57.2)	116 549 (91.0)	539	12 744 (3.37)	86 121 (67.3)	6 758
2015	216 974 (57.4)	116 137 (91.4)	535	12 786 (3.38)	86 868 (68.3)	6 794

（（公財）都市計画協会：都市計画ハンドブック2020，pp. 294 - 295，（公財）都市計画協会（2021）より作成）

全体の 27.4％が都市地域となっており，三大都市圏では全体の 52.9％を占めている（**表 7.3**）。しかし，都市内にも農地・森林・水面・道路等が存在するので，住宅・工業・商業等に利用される宅地の割合はそれほど高くはないのが実態である。土地利用の変化を経年的に見ていくと，農林業的土地利用（農林地・埋立地）から都市的土地利用（住宅地・工業用地・公共用地）へ毎年約

表 7.3　国土利用計画法による地域の指定
(2019 年 3 月 31 日)(単位：〔千 ha〕〔％〕)

地　域＼圏　域	三大都市圏		地　方　圏		全　　国	
	面　積	割　合	面　積	割　合	面　積	割　合
都　市　地　域	2 842	52.9	7 383	23.1	10 224	27.4
農　業　地　域	1 650	30.7	15 791	49.5	17 441	46.8
森　林　地　域	3 194	59.4	21 952	68.8	25 147	67.4
自 然 公 園 地 域	1 127	21.0	4 479	14.0	5 606	15.0
自 然 保 全 地 域	19	0.4	86	0.3	105	0.3
5　地　域　計	8 832	164.4	49 691	155.7	58 523	156.9
白　地　地　域	55	1.0	581	1.8	636	1.7
単　純　合　計	8 887	165.4	50 273	157.5	59 160	158.6
国　土　合　計	5 374	100.0	31 923	100.0	37 297	100.0

(注) 土地利用の必要性から，五地域が重複して指定されているものもあり，五地域を単純
　　に合計した面積は全国土面積に対して約 1.6 倍となっている。
((公財)都市計画協会：都市計画ハンドブック 2020，p.176，(公財)都市計画協会 (2021))

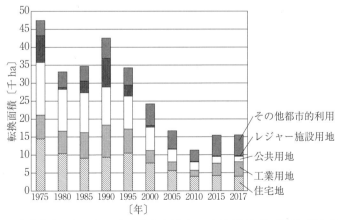

図 7.1　農林業的土地利用から都市的土地利用への土地利用転換（資料：国土交通省
　　国土計画局 http://www.mlit.go.jp/kokudokeikaku/monitoring/system/list 07.html，
　　国土交通省：令和 2 年版土地白書，p.16(2020)より作成))

2 300 ha が転換されている（図 7.1）。

7.1.2　土地利用の主要課題

〔1〕　**土地利用の混在**　　わが国の多くの都市では，住居地域に倉庫・工場等が立地したり，工業地域に住宅・店舗・事務所が混在していて，土地利用が純化されていない。工場と住宅が混在していると，工場の騒音・振動・排出ガスが周辺の住宅に対して深刻な影響を与えたり，危険物の貯蔵による災害の恐れが生じたりする。商業施設が住宅地の中に無原則に入り込むと，住宅地としての良好で静かな環境を維持することが困難になる。逆に，工場や商業施設にとっても，生産活動や商業活動に種々の制約が生じ，その機能を十分に発揮できない場合が多くなる。同様に農業的土地利用と都市的土地利用が混在することにより，農業活動および都市活動それぞれの環境が悪くなることが考えられる。

　用途地域の中でも，第一種住居地域・第二種住居地域・準住居地域・準工業地域は土地利用の制限が緩いが，これらの地域が用途地域面積全体に占める割合は，約 4 割を占めている。特に準工業地域ではほとんどの施設が立地できることとなっており，土地利用の混在が著しい。このようにわが国の土地利用は土地利用の純化がきわめて不完全であって，混在による弊害が大きい点が都市計画上の大きな課題となっている。

〔2〕　**市街地のスプロール**　　戦後，地方から大都市へ就業の機会を求めて若年人口の社会移動が大規模に進行し，大都市における居住や就労の場に対する需要が高まった。これらの需要に応えるため，大都市では臨海部の埋立てや工場の造成が行われるとともに，市街地の外縁部に住宅地開発が進められてきた。住宅地の供給について見ると，公的セクター・民間大規模デベロッパー等による計画的な開発も強力に進められてきたが，大半は民間による小規模・零細な開発であった。これらの道路・下水・公園等の都市基盤を伴わない，無計画・無秩序な開発を市街地の**スプロール**と呼ぶが，スプロールを防止し計画的な市街地を整備するために，1968 年に都市計画法が改正された。しかし都市計画法の法的規制力は欧米の法制度と比較して弱いので，スプロールに対して必ずしも十分な効果を上げるに至っていない（**図 7.2**）。

（a）無秩序な市街地　　　　　　　　（b）計画的な市街地

図7.2　市街地のスプロール

〔3〕　**大都市の拡大とドーナツ化現象**　　都市の規模が拡大してくると，都心の人口が減少し郊外部の人口が増大する，いわゆる**ドーナツ化現象**が発生する。大都市圏の場合，都心地区は昼間人口が増大するが，夜間人口は郊外部へ転出するので昼夜率が高くなっていく。その結果，郊外部から都心地区への通勤交通や都心地区における業務交通が増大し混雑が激しくなっている。また，都心地区においては夜間人口が激減し，小・中学校の統合，閉鎖や日常生活に必要な商店の減少によりコミュニティを維持することが困難な状況も生じている。

　一方，ベッドタウンである郊外部では夜間人口が急増し，義務教育施設・供給処理施設・福祉厚生施設等に対する行政需要が高くなり，地方公共団体の財政を圧迫している。さらに，ベッドタウンの住人は，多くの場合就業の場が都心にあるので，住民のコミュニティ意識が欠如しがちである。従来から地域に住んでいた住人と新たに移住してきた住人との間に交流がなく，コミュニティが育ちにくいことが，健全な地域社会を形成するうえでの大きな問題となっている。特に，近年では郊外部においても高齢化が進み，買物・通院などの日々の生活支援・介護サービスなどが深刻な課題となっている。

〔4〕　**東京圏への業務機能の集中**　　近年，東京への中枢管理機能の集中が進み，他の地域との格差が著しく拡大している（**図7.3**）。このような東京一極集中の原因としては，東京がわが国の首都として政治・経済・文化等の中心地となっているだけでなく，世界の経済・金融・情報の中心の一つとして他の都

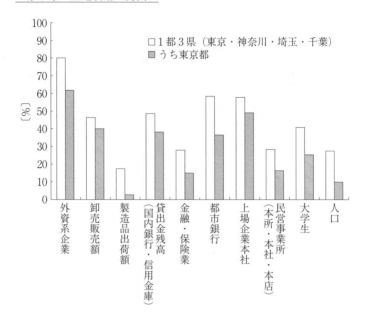

図 7.3　東京圏への機能集中（東洋経済新報社：2021 地域経済総覧（2020），
経済産業省：外資系企業動向調査（2020），各都市銀行 HP より作成）

市では代替できない役割を有していることをあげなければならない。

　東京一極集中は東京の過密・過大問題を深刻にしていることはもちろんであ
るが，都市の重要な機能が地方から流出してしまうことにより，地方全体の活
力の低下・経済的社会的役割の衰退・魅力の喪失につながっている。そこで東
京に立地しなければならない機能を除き，工業・業務・研究開発機能等をでき
るだけ地方へ分散立地させることがこれまで推進されてきた。さらに，国会お
よび国の機関の地方移転も決定され，その推進が図られているが，移転の場所
等の具体的計画は定まっていない。

　なお，1980 年代後半に発生したバブル経済の終焉と長期にわたる経済不況も
あって，東京一極集中の勢いは衰える傾向にあり，東京圏への人口の社会的増
加は 1990 年代後半に初めてマイナスに転じた。そのため東京から地方へ首都
機能移転を図る必要性が薄れたという意見も出てきている。

しかし，1994年（平成6年）1月17日に発生した阪神淡路大震災は，巨大都市の災害に対する脆弱性を露呈し，都市の防災性の向上を図ることがきわめて重要かつ緊急の課題であることが認識された。近い将来に起きると想定されている，関東地域での大規模地震による被害を最小限に抑える観点から，首都機能を移転する必要性は依然として高いと考えられている。

〔5〕 **地方都心部の衰退** 道路の整備が進んだ都市の郊外部には，ショッピングセンター等の大型店が立地し，広い範囲から顧客を集めている。これら大型店には大規模な駐車場が整備され，自動車が利用しやすいだけでなく，すべての買物が1か所でできるという利点がある。中にはショッピングセンターだけではなく，レストラン・娯楽施設・文化的施設等が一か所に立地し，買い物だけではなく娯楽・社交・文化活動等に対するサービスを提供するような複合的な施設もつくられてきている。

わが国の都市は徒歩を前提に形成されてきたので，商店街が道路に沿って長く路線状に形成されているケースが多い。これら既存の都心商業地では，ほとんどの場合道路が狭く駐車場が不足していて，自動車の利用がきわめて困難な形態となっている。その結果，既存商店街は郊外の大型店との競争に敗れ，急速に衰退する傾向にある。都心の衰退と郊外における新たな商業機能の立地は，都市を平面的に拡大させ，中心性の喪失・都心の空洞化・都市の魅力の減少等の種々の都市問題を発生させることになる。今日では，地方都市の中には都心活性化のための有効な施策をとれずに都市間競争に敗れ，衰退していくものが

図7.4 郊外のショッピングセンターと衰退した既存路線商店街

しだいに増えている（**図7.4**）。

　既存都心を衰退させないためには，都心の道路や駐車場を整備することはもちろんのこと，商業・業務機能の集積を高め，郊外型商業施設に負けない魅力を創出することが不可欠である。地方都市の既存商店街活性化や都心の再生・再開発は，今後取り組むべき最も重要な都市問題の一つとなってきている。

7.2　都市の類型と土地利用計画

7.2.1　土地利用の分類

　都市内の土地利用はさまざまな視点から分類することができる。例えば，土地利用の実態から区分する方法（**表7.4**）や国土利用計画・都市計画法をはじめとする法律上の区分方法（**表7.5**）がある。

表7.4　土地利用の実態による分類

	土地利用の分類	土地利用の内容
都市の全体区域	海・湖沼・河川 市街地 　建築用地 　交通用地 　緑地・オープン 　　スペース用地 農地・林地 その他未利用地	航路・レクリエーション・漁港 住宅・工場・商店・事務所・ 公共公益施設 鉄道・道路・港湾・空港 公園・レクリエーション 農業・林業

表7.5　土地利用の分類（2019年3月末現在）

国　土	自然保全地域（1 050 km^2） 自然公園地域（56 060 km^2） 森林地域（251 470 km^2） 農業地域（174 410 km^2） 都市地域（102 240 km^2）——— 都市計画区域

（（公財）都市計画協会：都市計画ハンドブック 2020，p.176，
（公財）都市計画協会（2021））

7.2.2　都市の構造と類型

〔1〕　**都市の構造と発展**[1]~[3]　　都市の構造や発展形態については，これまで多くの理論やモデルが提示されてきた（**図7.5**）。例えばバージェス（W.

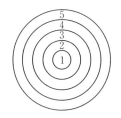 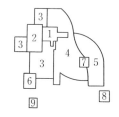 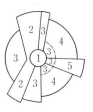

1.　中心業務地区	1.　中心業務地区	6.　重工業地	1.　中心業務地区
2.　漸移帯	2.　卸売家内工業地	7.　第2次業務地区	2.　卸売軽工業地
3.　労働者住宅地区	3.　低級住宅地	8.　郊外住宅地	3.　低級住宅地
4.　住宅地区	4.　中級住宅地	9.　郊外工業地	4.　中級住宅地
5.　通勤者地区	5.　高級住宅地		5.　高級住宅地

バージェスのモデル　　　　　ハリス＆アルマンのモデル　　　　ホイトのモデル

図7.5　都市の構造モデル（横山浩・池田禎男：新土木工学体系55, 都市計画（I），
　　　　pp.169-172, 技報堂出版（1988））

Burgess）は都心に中心業務地区が形成され，その外側にブルーカラー，ホワイ
トカラーの住宅がリング状に取り巻くように形成されるというモデルを提示し
ている。また円形の都市の中心から交通路に沿って，扇形に住宅地等が発展す
るモデルがホイト（H. Hoyt）によって作成されている。ハリス＆アルマン（C.
Harris & E. Ulman）は大都市の多核的な都市構造に着目し，中心業務地区・
卸売軽工業地区・重工業地区・住宅地区等が，それぞれの土地利用にとって最
もふさわしい位置に立地するとした。また同種類の土地利用は集まり，異なる
土地利用は相互に分離する傾向を持つことを示している。

　ところで，都市の形態はそれぞれの都市の地理的条件・歴史的背景・人口・
産業の規模や特質等により異なってくる。地形の制約が大きい臨海部や山麓部
の都市では線形状（リニア・パターン）の都市が形成されることがある。また，
自動車交通を円滑にするためには，道路がはしご状（ラダー・パターン）に整
備されることも効率的と考えられている。

　大都市では都市の構造も重層的・段階的な形態をなしており，同心円状の都
市構造となっている場合が多い。都市の規模が拡大すると，単一都心の都市構
造では効率的な都市機能が期待できなくなり，交通の条件がよいところに複数

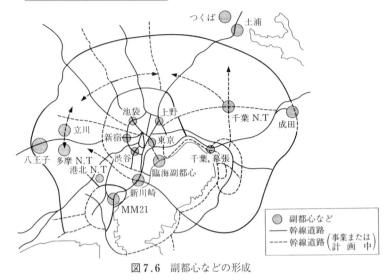

図7.6　副都心などの形成

の副都心が形成されていく（**図7.6**）。

　また，広域の中で複数の都市がどのように発展し，都市相互がどのような関係になるかを理論化したものとしてクリスターラー（W. Christaller）のモデルがある。クリスターラーはヨーロッパのような平地においては，都市相互の圏域が六角形の形で接し，蜂の巣状の都市圏域が形成されるとした。さらに，これらの都市圏域をいくつか含んだ，広域をカバーする高次の都市圏域が重層的に形成され，これらの都市圏域も蜂の巣状の形態をとるとした。

　また，ゴットマン（J. Gottmann）は，1950年代のアメリカ東部を中心に都市化が進展し，ボストン，ニューヨーク，ワシントンD.C.，ボルチモアに至る500マイルの地域が一つの都市として連担していることから，これを**メガロポリス**（megalopolis）と名づけた（**図7.7**）。わが国においても東京から大阪に至る500キロの間は都市が連担しており，一般に東海道メガロポリスと称するようになっている。さらにドクシアディス（C.A. Doxiadis）は，将来の定住社会は住宅・小都市・大都市・メトロポリス・メガロポリスが階層的に形成されるだけではなく，これらの都市が交通・通信ネットワークでつながることにより，多核的な定住都市群が形成されるとし，これを**エキュメノポリス**と名づけた。

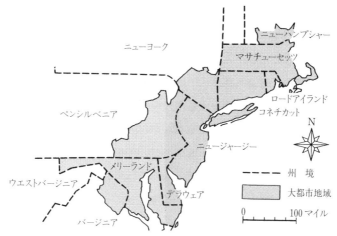

図 **7.7** メガロポリス（J. Gottmann（1961 年），MEGALOPOLIS：
木内信蔵・石水照雄：メガロポリス，p. 25，鹿島研究所出版会（1967）
より作成）

7.2.3 土地利用計画の役割

〔**1**〕 **土地利用計画の目的**　土地利用計画の目的は，都市環境の安全性・
健康性・快適性・利便性の向上を図るために，土地利用の目標・水準・方針・
土地利用の配置や規模，整備方針等を定めることにある。

　土地利用計画は，都市の人口規模・居住・雇用の場等を決定するから，道路・
公園・下水道等の他の都市施設計画を作成する場合の前提となる，きわめて重
要な計画として位置づけられている。土地利用計画は，個々の土地に対して用
途・容積率・建蔽率・建物の高さ等の規制を加えるものであるから，個人の財
産権を過度に侵害するような土地利用規制は社会的に容認されにくい。

〔**2**〕 **土地利用計画のあり方**

（**a**） **長期的および広域的視点の必要性**　土地利用計画の策定に当たって
は，都市の歴史的・地理的・社会的・経済的な条件を十分配慮しなければなら
ない。都市の土地利用計画は，建築物の建替えや新規開発等を通して，長い期
間をかけて変わっていくものであるから，長期的視点に立って都市の規模・機
能・形態等を見通す必要がある。

また，土地利用計画は行政区域に留まらず，周辺地域も含めた広域的な観点から作成される必要がある。通常，土地利用計画はおおむね20年先の将来を目標に策定されることが多い。

（b） **立地性向と政策的誘導**　商業・業務機能は都心に立地するが，住宅は郊外の交通が便利な区域に立地する傾向を持つ。また，工業や流通は道路や港湾等の交通条件がよく，広い用地の確保が可能な区域に立地する傾向を有する。このように土地利用計画を立案する場合には，土地利用の種類により異なる立地条件を要求することを十分考慮に入れる必要がある。これらの立地性向を無視した土地利用計画は実現性がなく，実効性の低いものとならざるをえない。

逆に，現実の都市の構造・制約等を政策的に変更・改善し，新しい都市の発展軸や地域を開発・整備していくことが求められる場合も多い。例えば，鉄道や道路の整備による交通条件の改善，埋立てや山林の開発による大規模な工場用地や住宅用地の造成，再開発等による都心の魅力の増進等のさまざまな都市整備を行うことにより，戦略的に都市の発展方向を誘導し，都市の構造を変革することが可能である。

（c） **土地利用の純化と混合用途**　土地利用計画では土地利用を純化し，異なる土地利用相互にあつれきや摩擦等が生じないようにすることが必要である。しかし，土地利用を純化するあまり，都市が単調で魅力のないものとならないよう計画することも大切である。例えば，異なる土地利用であっても混在することにより都市の環境が向上し，都市の魅力が高まるような場合は計画的に混合用途を進めることも重要である。つまり，土地利用計画を策定する場合，土地利用の純化と混合用途というたがいに相反する考え方を適切に組み合わせていくことが求められる。

（d） **土地利用間の整合性の確保**　住居・工業・商業等の土地利用の配置・規模を定めるに当たっては，都市の人口・経済等のフレーム，道路・鉄道・港湾等のインフラストラクチャー等を計画の前提としなければならない。それぞれの土地利用は都市にとって必要かつ十分な規模であるとともに，土地利用相互の規模・配置等に整合性がなければならない。土地利用の配置・規模

の違いにより，通勤・通学・業務・買物等の交通需要が変化するので，都市内のモビリティの確保を十分考慮することが大切である。都市の将来人口を，過大に見積もった土地利用計画は容易にスプロールを引き起こし，効率的な都市整備を不可能とするので厳に避けるべきである。

　また，土地利用計画は，都市の自然的条件や環境容量にも十分配慮したものでなければならず，これらの容量を超えて都市が拡大する場合には，都市の成長そのものを抑制するための施策が土地利用計画においても求められてくる。

7.3 土地利用計画の立案

7.3.1 土地利用計画立案のプロセス

　土地利用計画の立案プロセスとしては，通常，以下のような手順をとっている。すなわち，① 都市の自然・歴史・文化・環境等の条件の設定，② 将来人

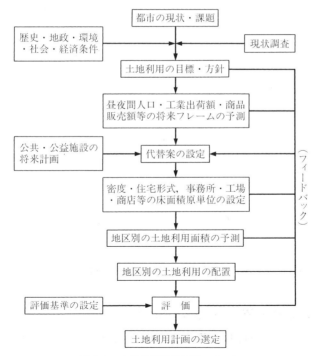

図7.8 土地利用計画立案のプロセス

口・工業出荷額・商品販売額等の社会的・経済的フレームを予測，③ 計画代替案の設定，④ 用途別に必要な土地需要を予測，⑤ 将来の用途別土地需要量を都市内の地区別に分割・配置する（図7.8）。

7.3.2　フレームの予測

〔1〕　人口の予測

（a）　夜間人口の予測　　土地利用計画のフレームの中で，最も重要な指標は人口である。都市の将来夜間人口の予測方法としては，① 人口の過去の経年変化を将来に延長する**トレンド法**，② 都市人口の増減率が時間とともに変化していくと仮定する**成長率曲線法**，③ 都市人口の出生・死亡・転入・転出を年齢階層ごとに将来にわたって予測する**コーホート法**等がある。

　ここで，成長率曲線法の例としてロジスティック関数を用いたモデルの例を示すと，次式のようになる（図7.9）。

$$P(t) = \frac{P_{\max}}{1 + ae^{-bt}} \tag{7.1}$$

ここで，　$P(t)$：t 年の人口

　　　　　$P_{\max}$：その都市の人口の上限

　　　　　a, b：パラメータ

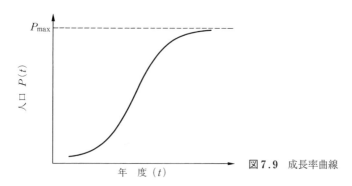

図7.9　成長率曲線

（b）　昼間人口の予測　　都市の事務所用地・工場用地・商業用地等は地区の夜間人口ではなく，昼間人口の大きさにより定まるといえる。昼間人口の予測は① 将来夜間人口をベースに通勤・通学による流出・流入数を加減して予

表7.6 都市圏別昼夜率

都市名	昼夜率	都市名	昼夜率
（東京都）		（埼玉県）	
23区	1.30	さいたま	0.93
三鷹	0.89	熊谷	0.98
八王子	1.00	所沢	0.86
立川	1.14	狭山	0.95
調布	0.86	越谷	0.87
日野	0.89	（千葉県）	
（神奈川県）		千葉	0.98
横浜	0.92	船橋	0.84
川崎	0.88	成田	1.24
厚木	1.16	松戸	0.82
相模原	0.88	柏	0.90
平塚	0.99	市原	0.94
藤沢	0.93		

（総務省統計局：平成27年国勢調査より作成）

測する方法，② 将来夜間人口に昼夜率（夜間人口と昼間人口の比率）を乗じて地区別に昼間人口を求める方法等が一般に用いられる（**表7.6**）。

〔**2**〕　**経済指標の予測**　　商品販売額・工業出荷額・事務所床面積等の経済フレームは商業・工業・業務の土地利用の規模・種類・配置等を計画するために必要不可欠な指標である。これらの経済フレームについては既定計画や上位計画で用いられている指標を利用するが，計画相互の整合性を保つことが必要である。これらの指標の多くは，都道府県や市町村の総合計画等の諸計画の中ですでに予測されている場合が多い。なお，経済指標の推計の前提や推計時点に違いがある場合には，修正または調整が必要となる。

7.3.3　土地利用面積の推計

〔**1**〕　**土地利用面積推計の考え方**

（**a**）　**住宅地面積の推計**　　夜間人口・昼間人口等のフレームを予測した後に，地区別に将来土地利用別の市街地面積を求める。そのための方法として住宅地については地区別の人口密度・住宅形式・公共公益施設用地率等を推定する必要がある（**図7.10**）。人口密度は都市の規模・地形的制約・都市の産業構造・交通体系等により異なっている。道路・公園・河川・鉄道等の公共用地を

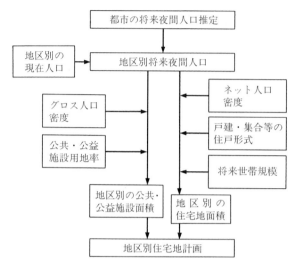

図7.10 住宅計画のプロセス

含んで人口密度を計算するのが**グロス人口密度**であるのに対して，公共用地を除いて人口密度を計算するのを**ネット人口密度**という。

（**b**）　**工業地面積の推計**　　工業の種類によって大規模な床や敷地を必要とするものと，出荷額が大きくても付加価値が高いので，大規模な床や敷地を必要としないものまで多様なタイプが存在する。したがって，工業地面積の推計に当たっては，その都市の工業の種類・性格・規模・形態等を将来にわたって正しく予測することが重要となる。従業員1人当り，または工業出荷額当りの工場床面積・工業用地面積の原単位を用いて，地区別の工場床面積および工業用地面積を推定する場合が多い。

（**c**）　**事務所面積の推計**　　事務所面積については従業人口当りの事務所床面積を原単位として，将来の地区別・業種別従業人口を乗ずることにより求めている。事務所面積についても本社機能・支店機能・販売営業機能・研究機能等により原単位は大きく異なってくる。その都市における将来の業務集積の規模・性格・周辺都市との関係・都心機能等を正しく予測することが必要である。事務所のOA化や高度化により，従業人口1人当りの事務所床面積は将来上昇

していくことが予測されている。

（**d**）　**商業地面積の推計**　　商業地については顧客数・商品販売額・従業人口当りの商業床面積原単位等を用いて，必要面積を推定する方法が一般的である。なお顧客数の予測方法としては，商圏人口と各店舗の吸引力の概念を用いたハフ（D.L. Huff）・モデルがよく利用される。ハフ・モデルは以下のように定式化される。

　i 地区の消費者が j 地区の商業施設（j 地区のショッピングセンターや小売店舗等の商業施設全体）に買物に行く確率を P_{ij} とすると

$$P_{ij} = \frac{S_j / T_{ij}^{\lambda}}{\sum_{j=1}^{n}(S_j / T_{ij}^{\lambda})} \tag{7.2}$$

ここで，P_{ij}：i 地区の消費者が j 地区の商業施設に買物に行く確率

　　　　　S_j：j 地区の商業施設の床面積

　　　　　T_{ij}：i 地区から j 地区への交通時間

　　　　　n　：地区の数

　　　　　λ　：パラメータ

　つぎに j 地区の商業施設に来る顧客の総数を E_j とおくと

$$E_j = \sum_{i=1}^{n} E_{ij} \tag{7.3}$$

$$E_{ij} = P_{ij} \cdot C_i \tag{7.4}$$

ここで，E_{ij}：j 地区へ買物に来る i 地区の消費者数

　　　　　C_i：i 地区の消費者数

　なお道路・公園・鉄道・河川等の公共用地や官公庁・教育施設・病院等の公益施設については将来面積を別途予測している。

7.3.4　配　置　計　画

　土地利用別の将来面積を予測した後，それぞれの用途が都市のどこに立地または配置されるかを予測・計画し，土地利用計画図とする（**図 7.11**）。土地利用の配置については以下の原則をあげることができる。

　① 土地利用はできるだけ純化する方向で配置する。例えば，住居系の土地

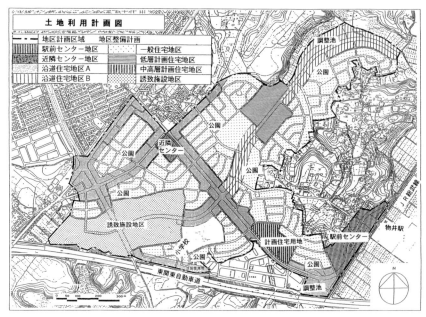

図7.11 土地利用計画図（四街道市物井地区）

利用や工業系・商業系の土地利用が，無秩序に混在して配置されないように計画しなければならない。

② 土地利用相互が機能的に似ていたり，補完関係にある場合，土地利用を混在させたり，隣接して配置することにより，地区の安全性・快適性・利便性・効率性を高めることを考慮する。

③ 中小都市では都心を分散させずに1か所にまとめ，都心機能を高度化し，都市の魅力を高めることが大切である。しかし，大都市では住宅が郊外に立地し，通勤・買物・社交等のトリップが長くなりすぎるうえ，都心と郊外を結ぶ放射方向の交通容量が不足することになる。そこで，単独の都心ではなく，複数の都心を形成するようにし，道路・鉄道等の整備により副都心の積極的な育成を図るべきである。

④ 住宅地については都心に近いほど地価も高く，高度利用が期待されるので，集合住宅を主体に土地利用を考えるべきである。一方，郊外では自

然や緑を十分に確保した低層・戸建て住宅を主体とすることができる。また幹線道路に接して住宅地を配置することは，騒音・振動・大気汚染等の住宅環境上望ましくない。

⑤ 工業は幹線道路にアクセスしやすく，周辺に住宅等の少ない地区に立地させることが望ましい。また水質・大気等の汚染の影響ができるだけ少なくなるよう計画しなければならない。

⑥ 商業・業務地区は都心機能として位置づけ，都心形成の核となるよう都市構造や道路・鉄道ネットワークと整合するように配置する。商業地や業務地には昼間多くのトリップが集中するので，道路・鉄道・駐車場・公園等を十分確保できなくてはならない。

⑦ 土地利用の配置に当たっては，地区の土地利用現況を十分配慮するとともに，将来に向けて望ましい方向に土地利用に誘導していくことも考えなくてはならない。特に，幹線道路や鉄道の整備は土地利用の改変・誘導に大きな効果を持つから，これらのインフラの計画と整合をとるように土地利用の配置を計画していくことが必要である。

7.4　土地利用の規制と誘導

7.4.1　土地利用の実現方法

　土地利用は道路・公園・下水道のように公的セクターにより実現されるのではなく，大半が個人や企業等の民間セクターによる個々の経済活動の結果として実現される。したがって，土地利用計画が民間セクターの個々の経済活動等に反映されるためには，法定都市計画として規制・誘導していく必要がある。

　土地利用計画に示された将来の望ましい土地利用を実現するためには，規制や誘導による方法と，面的整備事業等を通して積極的に都市整備を進めていく方法とを有効に組み合わせていくことが必要となる。

7.4.2　都市計画による規制・誘導

〔1〕　**用途地域制による規制**　　法定都市計画では都市の土地利用を用途地域に区分し，建築物の種類・**容積率・建蔽率**を規制している（**表7.7**，**表7.8**）。

表7.7　用途の制限　　（（公財）都市計画協会：都市計画ハンドブック 2020,

凡例：□ 建てられる用途（空欄）　■ 建てられない用途

例示	第一種低層住居専用地域	第二種低層住居専用地域	第一種中高層住居専用地域	第二種中高層住居専用地域
住宅, 共同住宅, 寄宿舎, 下宿				
兼用住宅のうち店舗, 事務所の部分が一定規模以下のもの				
幼稚園, 小学校, 中学校, 高等学校				
幼保連携型認定こども園				
図書館等				
神社, 寺院, 教会等				
老人ホーム, 福祉ホーム等				
保育所等, 公衆浴場, 診療所				
老人福祉センター, 児童厚生施設等	1)	1)		
巡査派出所, 公衆電話所等				
大学, 高等専門学校, 専修学校等	■	■		
病院	■	■		
2階以下かつ床面積の合計が150 m² 以内の一定の店舗, 飲食店等	■			
2階以下かつ床面積の合計が500 m² 以内の一定の店舗, 飲食店等	■	■		
上記以外の店舗, 飲食店	■	■	■	2)
事務所等	■	■	■	2)
ボーリング場, スケート場, 水泳場等	■	■	■	■
ホテル, 旅館	■	■	■	■
自動車教習所	■	■	■	■
床面積の合計が 15 m² を超える畜舎	■	■	■	■
マージャン屋, ぱちんこ屋, 射的場	■	■	■	■
勝馬投票券発売所, 場外車券売り場等	■	■	■	■
カラオケボックス等	■	■	■	■
2階以下かつ床面積の合計が 300 m² 以下の自動車車庫	■	■	■	
倉庫業を営む倉庫, 3階以上又は床面積の合計が 300 m² を超える自動車車庫（一定規模以下の附属車庫等を除く）	■	■	■	■
倉庫業を営まない倉庫	■	■	■	2)
劇場, 映画館, 演芸場, 観覧場, ナイトクラブ等	■	■	■	■
劇場, 映画館, 演芸場若しくは観覧場, ナイトクラブ等, 店舗飲食店, 展示場, 遊技場, 勝馬投票券発売所, 場外車券売場等でその用途に供する部分の床面積の合計が 10 000 m² を超えるもの	■	■	■	■
キャバレー, 料理店等	■	■	■	■
個室付浴場業に係る公衆浴場等	■	■	■	■
作業場の床面積の合計が 50 m² 以下の工場で危険性や環境を悪化させるおそれが非常に少ないもの	■	■	■	■
作業場の床面積の合計が 150 m² 以下の工場で危険性や環境を悪化させるおそれが少ないもの	■	■	■	■
作業場の床面積の合計が 150 m² を超える工場又は危険性や環境を悪化させるおそれがやや多いもの	■	■	■	■
危険性が大きいか又は著しく環境を悪化させるおそれがある工場	■	■	■	■
自動車修理工場	■	■	■	■
日刊新聞の印刷所	■	■	■	■
火薬類, 石油類, ガス等の危険物の貯蔵, 処理の量が非常に少ない施設	■	■	■	2)
火薬類, 石油類, ガス等の危険物の貯蔵, 処理の量が少ない施設	■	■	■	■
火薬類, 石油類, ガス等の危険物の貯蔵, 処理の量がやや多い施設	■	■	■	■
火薬類, 石油類, ガス等の危険物の貯蔵, 処理の量が多い施設	■	■	■	■

1) 一定規模以下のものに限り建築可能
2) 当該用途に供する部分が2階以下かつ 1 500 m² 以下の場合に限り建築可能
3) 当該用途に供する部分が 3 000 m² 以下の場合に限り建築可能
4) 当該用途に供する部分が 50 m² 以下の場合に限り建築可能
5) 当該用途に供する部分が 10 000 m² 以下の場合に限り建築可能
6) 当該用途に供する部分（劇場, 映画館, 演芸場, 観覧場は客席）が 200 m² 以下の場合に限り建築可能
7) 当該用途に供する部分が 150 m² 以下の場合に限り建築可能

pp.144‒145,（公財）都市計画協会（2021）より引用）

第一種住居地域	第二種住居地域	準住居地域	田園住居地域	近隣商業地域	商業地域	準工業地域	工業地域	工業専用地域	地域の指定のない区域都市計画区域内で用途
			1)						
								12)	
			8)					12)	
3)	5)	5)					5)	5), 12)	5)
3)									
3)									
3)									
3)									
3)									
	5)	5)					5)		5)
3)			9)						
		6)							13)
			10)						
			10)						
4)	4)	7)		11)	11)				
3)									

8)　農産物直売所，農家レストラン等に限り建築可能
9)　農作物又は農家の生産資材の貯蔵に供するものに限り建築可能
10)　農作物の生産，集荷，処理又は貯蔵に供するもの（著しい騒音を発生するものを除く）に限り建築可能
11)　当該用途に供する部分が300 m² 以下の場合に限り建築可能
12)　物品販売業を営む店舗及び飲食店は建築不可
13)　当該用途に供する部分（劇場，映画館，演芸場，観覧場は客席）が10 000 m² 以下の場合に限り建築可能

表7.8　建蔽率, 容積率

項目＼用途地域	第一種低層住居専用地域	第二種低層住居専用地域	田園住居地域	第一種中高層住居専用地域	第二種中高層住居専用地域	第一種住居地域	第二種住居地域	準住居地域	近隣商業地域
容積率〔%〕	50, 60, 80, 100, 150, 200			100, 150, 200, 300, 400, 500					
建蔽率〔%〕	30, 40, 50, 60					50, 60, 80			60, 80

項目＼用途地域	商業地域	準工業地域	工業地域	工業専用地域	都市計画区域内で用途地域指定のない区域
容積率〔%〕	200, 300, 400, 500, 600, 700, 800, 900, 1000, 1100, 1200, 1300	100, 150, 200, 300, 400, 500	100, 150, 200, 300, 400		50, 80, 100, 200, 300, 400
建蔽率〔%〕	80	50, 60, 80	50, 60	30, 40, 50, 60	30, 40, 50, 60, 70

((公財) 都市計画協会：都市計画ハンドブック2020, pp.146-147, (公財) 都市計画協会 (2021))

　用途地域制は, 土地利用計画に描かれた将来の望ましい土地利用を規制と誘導により実現することを目的としている。用途地域制は, それぞれの地区の土地利用を具体的計画どおりに実現することを意図したものではなく, 土地利用に一定の枠をはめ, その枠の中では自由に建築活動を認めるものである。言い換えれば用途地域制は, それぞれの用途内に建築できる (または建築できない) 建築物を定めているだけであるから, それぞれの地区の土地利用が, 土地利用計画で意図したとおりになるとは限らないことになる。

　このような用途地域制の限界を補完する制度として, 都市計画の中に地区計画制度があり, より細部にわたる土地利用の規制をかけることができる。また, 都市計画ではないが建築基準法による建築協定, 都市緑地法による緑地協定を定め, 町並みや緑地の改善・保全を図る方法も考えられる。

　土地利用の規制は個々の建築物を新築・改築する際に, 建築基準法により義務づけられている建築確認申請時に行われる。具体的には建築確認申請書に記載された建築物が, 用途地域や他の都市計画と整合しているかどうか, 都道府県または市町村の建築主事により審査される仕組みになっている。

〔2〕 開発行為の規制

（a） **線引き都市の規制**　建築またはコンクリートプラント・ゴルフコース等の建設を行うために土地の区画形質を変更することを**開発行為**というが，都市計画区域では開発行為が規制される。例えば，市街化区域内において1 000 m^2（知事が定めた場合は300 m^2）以上の開発行為を行おうとする者は知事の許可を得なければならない。この場合，開発行為が用途地域や他の都市計画と整合していれば，**開発許可**が与えられる。

一方，市街化調整区域においては，おおむね50以上の建築物が連担する既存集落等の区域を除き，日常生活にとって必要な店舗・事業所・市街化区域に立地できない施設のための開発行為以外，知事は開発許可を与えてはならないこととなっている。逆に，市街化調整区域内における農林漁業に必要な建築物のための開発行為，鉄道施設・学校・医療施設・社会福祉施設等の公益上必要な建築物のための開発行為については開発許可を必要としない。

なお，市街化調整区域内での建築物のバラ建ち・スプロールを防ぐために，市街化調整区域では原則として建築活動そのものが制限されている。

また，頻発・激甚化する自然災害を鑑み，開発許可制度の見直しが行われ，災害レッドゾーンでは，住宅および自己の業務用施設の開発は原則禁止され，浸水ハザードエリア等では，安全上および避難上の対策が許可の条件とされた。

（b） **非線引き都市の規制**　線引きを行わない都市計画区域においては，3 000 m^2（知事が定めた場合は300 m^2）以上の開発行為を行おうとする者は知事の許可を得なければならない。その場合，開発行為が用途地域や他の都市計画と整合していれば，開発許可が与えられる。

また，農林漁業に必要な建築物のために行う開発行為，鉄道施設・学校・医療施設・社会福祉施設等の公益上必要な建築物のための開発行為については，開発許可をとる必要はない。

〔3〕 **面的整備事業および都市基盤の整備**　土地利用計画に示された将来の望ましい土地利用を積極的・計画的に実現していく方法として土地区画整理事業・市街地再開発事業・工業団地造成事業等の面的整備事業がある。これら

の面的整備事業は土地利用だけではなく，都市施設の整備も同時に実現できるので都市整備の手法として理想的といえる。望ましい土地利用を実現していくためには，用途地域制や開発許可だけではなく，面的整備手法を積極的に活用していくことがきわめて重要である。しかし，面的整備手法では事業の範囲が都市の全域ではなく，プロジェクトの対象エリアに限られるという制約も持っている。

　なお，道路・鉄道・下水・公園等の公共施設整備や学校・病院等の公益施設の整備は土地利用を誘導するために特に大きな効果を持つ。これらの都市施設を都市計画に位置づけ，都市の発展方向・都市の整備目標を明らかにしていくことが，望ましい土地利用を実現していくうえで重要となる。

　〔4〕　**立地適正化計画**　　従来の都市計画法に基づく土地利用の考え方に加え，コンパクトシティ形成に向けた都市再生特別措置法に基づく立地適正化計画により，都市機能の集約化や人口密度を維持する居住エリアの設定が可能となった。都市計画区域が立地適正化計画区域であり，市街化区域（未線引き都市計画区域では用途地域）の中に**居住誘導区域**を，居住誘導区域内に**都市機能誘導区域**を設定する（**図7.12**）。なお，一定規模以上の区域外での開発や施設立地においては，事前に届出が必要となる。

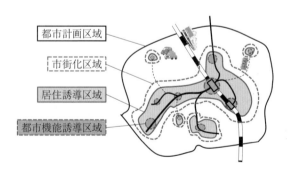

図7.12　立地適正化計画と居住誘導区域・都市機能の誘導区域（国土交通省都市局作成資料「立地適正化計画」(平成30年12月)より作成)

第 8 章

都市交通施設の計画と整備

8.1 都市交通の実態と特性

8.1.1 都市交通問題の背景と実態

〔1〕 モータリゼーションの進展　わが国のモータリゼーションの進展は著しく，2019 年（平成 31 年・令和元年）における自動車保有台数は約 8 180 万台で国民 1 人当り 0.65 台，1 世帯当り 1.40 台の水準に達している。また，自動車免許取得人口も約 8 200 万人にのぼり，文字どおり自動車は国民の足といえるまでに普及してきている（**図 8.1**）。このように自動車が普及してきた原

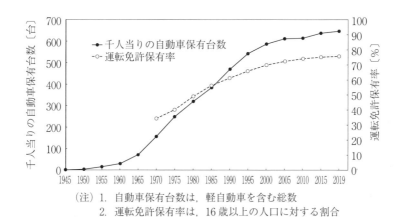

（注）1. 自動車保有台数は，軽自動車を含む総数
2. 運転免許保有率は，16 歳以上の人口に対する割合

図 8.1 モータリゼーションの進展と免許取得人口（警視庁：令和 2 年版 運転免許統計(2021)https://www.npa.go.jp/publications/statistics/koutsu/menkyo.html，(一財)自動車検査登録情報協会：わが国の自動車保有動向 https://www.airia.or.jp/publish/statistics/trend.html より作成）

因としては所得の上昇だけではなく，石油供給の拡大と石油価格の低下，自動車産業の発展と自動車価格の相対的低下，ガソリン税による道路整備の進展等の複数の要因を挙げることができる。特に地方都市においては，鉄道をはじめとする公共交通機関が利用しにくいこともあり，自動車の効用は高く，1世帯当り2，3台の自動車保有も珍しくない。大都市では公共交通機関が利用しやすいだけではなく，道路や駐車場の容量が不足し車庫用地の確保が困難なので，自動車の保有率は地方より低い水準にとどまっている。

〔2〕　**都市交通の実態**　　都市化とモータリゼーションが急激に進んだことにより，わが国の都市ではさまざまな交通問題が生じている。大都市においては，人口の増加に伴い住宅が都市の外縁部に立地するようになり，これらの住宅地から都心への通勤・通学需要が著しく増大してきた。三大都市圏では増大する交通需要に対処するために，鉄道やバス等の公共交通機関の整備を進めてきたが，朝晩のピーク旅客需要に見合うよう十分な輸送能力を確保することは経営採算上も困難である。鉄道について東京の現状を見ると，ピーク時における混雑率が高く，将来においても大幅な改善は期待できない（**図8.2**）。

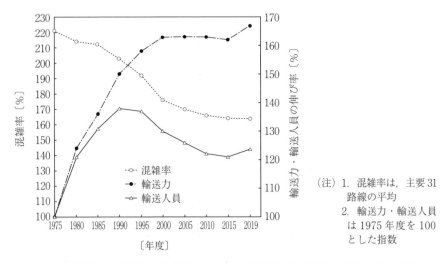

図8.2　東京圏の主要区間（31路線）における平均混雑率・輸送力・輸送人員の推移
（国土交通省：都市鉄道の混雑率調査結果（令和元年度実績）https://www.mlit.
go.jp/report/press/content/001364123.pdfより作成）

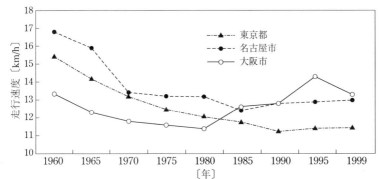

図8.3 バスの走行速度の低下（道路経済研究所，道路交通経済研究会：道路交通経済要覧（平成14年度版），p.248，ぎょうせい（2004）より作成）

また，バスは一般車に混じって道路を走行するので，道路交通混雑の影響を直接受け，走行速度が低下したり定時運行が困難となっている（**図8.3**）。

一方，地方中小都市では自動車の保有率が1世帯当り2，3台と高いので，あらゆる目的に自動車が利用されている。自動車の普及は地方都市におけるモビリティを著しく高め，地方の交通利便性の向上を実現したが，他方で道路や駐車場の不足により道路交通の渋滞を引き起こすことにもなっている。

地方中小都市では，交通需要が小さいので鉄道の経営はきわめて困難であり，バスが公共交通機関として主要な役割を担ってきた。しかし，自動車の普及とともにバスの利用客は減少し，採算性が低下した結果，運行頻度を低くしたり，運賃を値上げせざるをえないバス路線が多くなっている。その結果，乗用車と比較してバスの輸送手段としての競争力が下がり，バスの利用率がいっそう低下するという悪循環に陥っている。

8.1.2 都市交通の特性

〔1〕 **交通とトリップの定義**　交通は，人または物が種々の目的のために，交通手段を用いて空間的に移動する現象を指す。個々の人や物のこのような移動の単位を**トリップ**（trip）と定義し，人のトリップを**パーソントリップ**（person trip），物のトリップを**フレート**（freight）と呼んでいる。トリップの起点と終点を**トリップエンド**（trip end）といい，トリップは起点から終点に向けた方向

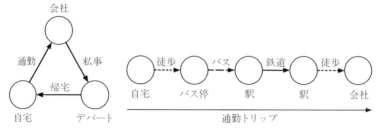

図8.4　パーソントリップの概念

性を持っている（**図8.4**）。

〔**2**〕　**都市交通の目的構成**　　トリップの目的には，通勤・通学・業務・買物・社交等の種類があるが，その構成比は都市の規模や性格により異なる（**表8.1**）。特に平日と休日ではトリップの目的構成には大きな差異が見られる。

表8.1　トリップの目的構成（単位：〔トリップ／人・日〕）

都市圏	目的		出勤・登校	帰宅	業務	その他	計
東京都市圏	(1998)	(平日)	0.56	1.00	0.23	0.61	2.40
京阪神都市圏	(2000)	(平日)	0.54	1.01	0.30	0.67	2.51
中京都市圏	(2001)	(平日)	0.58	1.08	0.29	0.62	2.57
広島都市圏	(1987)	(平日)	0.64	1.09	0.48	0.61	2.82
京阪神都市圏	(2000)	(休日)	0.10	0.80	0.05	1.01	1.96

（国土交通省道路局監修：道路ポケットブック，p.166，全国道路利用者会議（2003））

〔**3**〕　**都市内の交通手段**　　パーソントリップの交通手段構成は都市の規模・形態等によって異なっている（**表8.2**）。大都市では鉄道のシェアが高いが，地方中小都市では自動車のシェアが著しく高くなっている。都市の規模にかかわらず交通手段全体に占める自動車のシェアは高まる傾向にある。

また，物の交通手段としては都市内ではそのほとんどがトラックにより担われている（**表8.3**）。

〔**4**〕　**交通需要の変動**　　都市内の交通需要量は1日・1週間・1年の間で変動し，平日と休日でも大きな違いを示す。1年365日の交通量は変動するから，通常，30番目の交通量をその道路の交通需要量とみなす場合が多い（**図8.5**）。平日の1日を見ると午前に通勤・通学によるピーク，午後に帰宅によるピーク

表 8.2 人の交通手段分担率〔%〕

	都市圏	鉄　道	バス等	自動車	二輪車	徒　歩	その他
大 都 市	東　京　第6回（2018）	33.2	2.8	27.0	14.0	22.8	0.1
	京阪神　第5回（2010）	18.3	2.6	35.6	21.2	21.9	0.5
	中　京　第5回（2011）	10.5	1.2	62.0	10.9	14.2	1.2
地方中枢都市	広　島　第2回（1987）	3.7	9.8	38.8	20.0	27.5	0.2
	道　央　第4回（2006）	13.7	3.4	55.6	8.5	18.8	0.0
	仙　台　第5回（2017）	12.0	3.0	54.0	9.0	19.0	3.0
	北部九州第5回（2017）	10.8	4.9	55.2	10.9	18.1	0.1
地方中核都市	岡山県南第3回（1994）	3.8	2.1	56.4	19.9	17.7	0.1
	熊　本　第4回（2012）	1.3	4.4	64.3	13.7	16.2	0.1
	富山高岡第3回（1999）	2.6	1.4	72.2	10.1	13.5	0.2
	金　沢　第4回（2007）	1.8	4.6	67.2	10.2	16.1	—
	長　崎　第3回（1996）	1.4	12.5	48.9	8.7	28.3	0.2
	前橋高崎第3回（2015）	2.5	0.3	77.9	8.6	10.5	0.2
	沖縄中南第3回（2006）	1.0	3.4	68.7	6.2	20.5	0.2
	新　潟　第3回（2002）	2.8	2.6	69.6	9.3	15.7	0.0
	秋　田　（1979）	3.2	6.1	42.2	18.9	29.4	0.2
	松　山　第2回（2007）	2.0	1.6	54.1	25.8	16.3	0.2
	徳　島　第2回（2000）	1.3	1.5	60.3	21.9	14.9	0.0
	盛　岡　（1984）	1.7	5.2	39.0	24.2	29.8	0.1
	函　館　第3回（2019）	0.4	4.1	78.5	4.6	12.4	—
	水戸勝田　（1990）	4.3	4.2	57.7	15.0	18.8	

（（公財）都市計画協会：都市計画ハンドブック 2020, pp.254-282,（公財）都市計画協会（2021）より作成）

表 8.3 物の輸送手段分担率（重量ベース）〔%〕

都市圏	自家貨物	営業貨物	鉄　道	船　舶	その他
東　京　第5回（2013）	22.2	68.3	0.3	7.1	2.0
京 阪 神　第5回（2015）	37.5	54.6	0.0	5.2	2.6
中　京　第5回（2016）	10.0	79.1	1.1	6.4	3.4
道　央　（1979）	17.5	28.5	7.3	46.5	0.2
仙　台　第3回（1997）	19.4	55.2	2.5	21.1	1.7
北部九州　第1回（1978）	34.4	38.5	5.1	21.3	0.7

（（公財）都市計画協会：都市計画ハンドブック 2020, pp.283-285,（公財）都市計画協会（2021）より作成）

が見られる。また都心では，平日は業務交通が多いが，休日には買物等の交通が大きくなることが多い。

　道路交通の場合は，ピーク時に交通容量が不足し，交通量の山が時間的に長くなる傾向がある（**図 8.6**）。

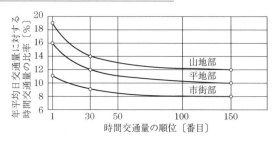

図 8.5 時間交通量と年平均日交通量の関係（元田良孝，岩立忠夫，
上田敏：交通工学，p.23，森北出版（2001））

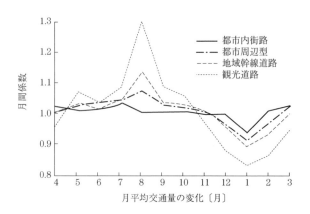

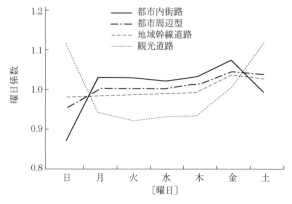

図 8.6 道路交通量の変動（元田良孝，岩立忠夫，上田敏：交通
工学，p.24，森北出版（2001）より作成）

　観光都市では，休日またはシーズンに極端に道路交通が増加するなど，通常の都市には見られない特徴ある交通需要変動を示す。

8.2　都市交通施設の種類と計画

8.2.1　都市交通施設の種類と特性

　都市内の交通手段としては徒歩・自転車・二輪車・バス・トラック・乗用車・新交通システム・鉄道があり，各交通手段は異なる機能や特徴を有している。

　例えば，鉄道は他の都市交通手段と比較して中距離および長距離輸送に競争力を持っているが，運賃収入により経営採算を維持していることもあり，大量の利用客が存在しなければ成立しない。また，バスは公共交通機関として成立するために相当数の利用客を必要とするが，鉄道ほど大量の旅客をさばくことはできない。モノレール等の新交通システムは鉄道とバスの中間的性格を持っていて，一般に中量輸送手段として位置づけられている。なお，自動車は道路容量の制約を受けるので利用者密度は高くないが，トリップ距離の長短にかかわらず広い範囲で利用されている（**図8.7**）。

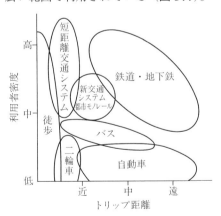

図8.7　交通機関の特性

8.2.2　都市交通施設計画の考え方

〔1〕　道路

（a）　**道路の機能**　　都市内の道路は自動車や歩行者の運行に利用されるだけではなく，沿道サービス・建築物へのアクセス・上下水道等の収容空間等の

多面的な機能を有している。さらに，都市内の道路は都市の環境保全・防災等
の機能や市街地の発展方向を誘導する重要な機能を持っている（**表8.4**）。

表8.4　都市内道路の機能

道　路　機　能		効　果　等
交通機能	トラフィック機　　能	・自動車，自転車，歩行者等の通行サービス ・公共交通機関（バス等）の基盤形成	・道路交通の安全確保 ・時間距離の短縮 ・交通混雑の緩和，輸送費の低減 ・交通公害の軽減，エネルギーの節約
	アクセス機能	・沿道の土地，建物，施設等への出入りサービス	
市 街 地 形 成 機 能		・都市機能の誘導 ・都市の骨格形成 ・コミュニティ，街区の外郭形成	・都市の基盤整理 ・生活基盤の形成 ・土地利用の促進
空　　間　　機　　能		・公共公益施設の収容 ・良好な住居環境の形成 ・防災機能の強化	・電気，電話，ガス，上下水道，地下鉄等の収容 ・都市の骨格形成，緑化，通風，採光 ・避難路，消防活動，延焼防止

（街路研究会：活力ある都市と道路整備，p.2，大成出版社（1987））

（**b**）　**道路の種類**　　道路法では道路を国道・主要地方道・都道府県道・市
町村道・高速自動車国道に分類している。都市内道路では道路の持つ機能に着
目し，**都市内幹線道路**と**区画道路**に区分される（**表8.5**）。

　都市内幹線道路は都市の主要な骨格を形成する道路で，都市に出入りする交
通や住宅地・工業地・業務地等の相互の交通を主として受け持つ役割を有して
いる。都市内幹線道路は幹線としての役割の高い順番に，主要幹線道路，幹線
道路，補助幹線道路に分けられる。ここで，主要幹線道路は都市構造の骨格と
なり，広域交通処理のための走行機能を重視した道路をいう。主要幹線道路の
中には，自動車のみが走行できる出入り制限つきの道路で，一般道路に比べて
高速走行ができるように線形・構造が定められた自動車専用道路がある。

　また，幹線道路は住区の外郭を形成し，都市内交通を処理するための道路を
指し，補助幹線道路は住区と上位の道路とのアクセス機能を果たす道路を指す。

　区画道路は，近隣住区等の地区において宅地の利用のために必要な道路であ

表8.5 道路の種別

都市内道路	都市内幹線道路	主要幹線道路 　広域交通の処理 　走行機能 　都市構造の骨格 幹線道路 　都市内交通の処理 　停車機能 　住区の外郭構成 補助幹線道路 　住区内交通機能，住区へのアクセス機能 　駐停車機能 　住区の環境空間
	区画道路	主要区画道路 　上位道路と街区との交通の集散 　宅地へのアクセス機能 　駐停車機能 　街区の環境空間 （その他の）区画道路 　街区内交通機能 　宅地へのアクセス機能 　駐停車機能 　街区の外郭形成，街区の環境空間

り，住区内の交通を集散させ補助幹線道路等につなぐ機能を持つ細街路をいう。

　そのほかに，歩行者専用道路・自転車専用道路・モノレール等の新交通システムに供される道路があり，これらを**特殊道路**と呼んでいる。

　なお，都市計画決定された道路のうち国道等の一部を除いたものを，**街路**と呼んでいる。

（**c**）　**都市の骨格道路体系**　　都市全体の道路網を見ていくと，東京・ロンドン・パリ・ベルリン等の大都市では放射道路と環状道路を組み合わせるネットワークが一般的である。また札幌・シカゴ・ワシントン・ニューヨーク等では格子状の道路網を形成しており，中には何本かの斜めの大通りを組み合わせたネットワークもつくられている。地形の制約や歴史的経緯により帯状に都市が形成される場合には，線型・はしご型のネットワークがつくられる。また，小都市では道路網に体系を見いだせないことが多いが，通過交通が都心を通らないようにバイパスが重要な役割を果たしていることが多い（**図8.8**）。

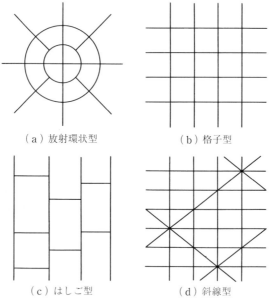

（a）放射環状型　　　　　　　（b）格子型

（c）はしご型　　　　　　　（d）斜線型

図8.8　都市の骨格道路体系

（d）　道路の段階構成　　道路はネットワーク，すなわち道路網を形成して
はじめて，その機能を発揮することができる。ネットワーク形成に当たっては，
土地利用や交通需要に即して，主要幹線道路・幹線道路・補助幹線道路・区画
道路を体系的・段階的に考えていくことが重要である。

主要幹線道路および幹線道路のネットワークの考え方としては，住宅地では
500 m 〜1 km，商業地では300 m 〜500 mの間隔でそれぞれの地区を囲む形で
配置し，地区内に不必要な通過交通が入り込まないように計画するのが基本で
ある。なお，市街地全体を平均すると主要幹線道路と幹線道路を合わせて
1 km^2 当り 3.5 kmの密度で配置することが望ましい水準と考えられている。

また区画道路は，個々の宅地に接する地区内の末端の道路であり，通過交通
が入り込むことによる居住環境の悪化・交通事故・交通渋滞等を引き起こさな
いように計画する必要がある（図8.9）。

この考え方を住居中心の地域に適用したものが居住環境地区であり，都心の
商業・業務地区に適用した例としてゾーンシステムを挙げることができる（図

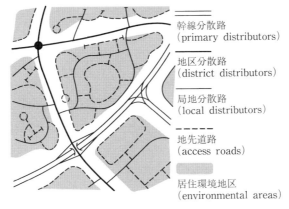

幹線分散路
(primary distributors)

地区分散路
(district distributors)

局地分散路
(local distributors)

地先道路
(access roads)

居住環境地区
(environmental areas)

図8.9 道路の段階構成の考え方（ブキャナンレポート）

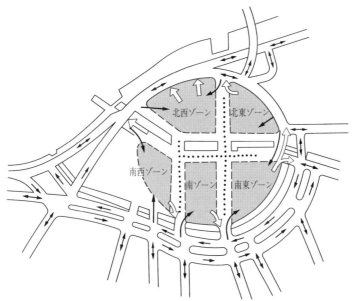

図8.10 ゾーンシステムの例（イェテボリ）（渡辺新三・松井寛・山本哲：
都市計画要覧, p.159, 国民科学社（1989））

8.10)。

（e） **道路の構造, 幅員**　都市内道路の構造や幅員は交通量・交通の特性・
周辺の土地利用等を勘案して決定される。道路の構造には平面・高架・地下・

半地下の別があるが，高速道路や主要幹線道路のような高速性・定時制を重視した通過交通の多い道路については，できるだけ立体交差化していくことが望ましい。

　高架方式はコストの点で地下方式より優れているが，景観・日照・騒音等の面での対策が不可欠である。地下方式は景観・日照等の観点からは優れているが，換気・安全性に特に配慮する必要があり，建設のコストが他の方式と比較して高くなる。ちなみに，半地下方式は地下方式と高架方式の両方の長所を有しているため，都市内での活用が増えてきている。

　道路の幅員や断面構成は道路の種別および地域別に異なり，**表8.6**のように定められている。

表8.6　道路の構造

	都　市　部		地　方　部	
	A 地域	B 地域	C 地域	D 地域
主要幹線道路	6車線　50 m 10.0 2.0 10.5 5.0 10.5 2.0 10.0 4車線　40 m 10.0 1.5 7.0 3.0 7.0 1.5 10.0	6車線　40 m 5.0 2.0 10.5 5.0 10.5 2.0 5.0 4車線　30 m 5.0 1.5 7.0 3.0 7.0 1.5 5.0	4車線　25 m 3.0 1.5 7.0 2.0 7.0 1.5 3.0 2車線　16 m 3.0 1.5 7.0 1.5 3.0	4車線　20 m 2.0 7.0 2.0 7.0 2.0 2車線　10 m 1.5 7.0 1.5 歩道等設置の場合　12 m 2.5 7.0 2.5
幹線道路	4車線　40 m 10.0 2.5 6.5 2.0 6.5 2.5 10.0 30 m 5.0 2.5 6.5 2.0 6.5 2.5 5.0 25 m 4.5 0.5 6.5 2.0 6.5 0.5 4.5 2車線　20 m 4.5 0.5 6.5 2.0 6.5 0.5 4.5	4車線　30 m 5.0 2.5 6.5 2.0 6.5 2.5 5.0 25 m 4.5 0.5 6.5 2.0 6.5 0.5 4.5 2車線　20 m 4.5 6.5 2.0 4.5	14 m 3.0 6.5 3.0 0.75 0.75 片側歩道の場合　14 m 1.25 6.5 0.75 5.5	9 m 1.25 6.5 1.25 歩道等設置の場合　11 m 1.25 6.5 2.5 0.75
補助幹線道路	16 m 3.5 9.0 3.5 1.5	16 m 3.5 9.0 3.5 1.5	12 m 2.5 6.0 2.5 片側歩道の場合　12 m 6.0 0.5 4.5	8 m 1.0 6.0 1.0 歩道等設置の場合　10 m 1.0 6.0 2.0 0.5

（武部健一：道路の計画と設計，pp.30-31，技術書院（1988））

〔2〕 鉄道

（a） **都市内鉄道の基本的考え方** 鉄道は大量の旅客需要をさばくことができるので，公共交通機関として大都市では特に重要な役割を果たしている。鉄道は整備のための費用や維持管理費が大きいだけでなく，これらのコストを運賃収入によって回収しなければならない。運賃収入は利用者数に比例するから，旅客需要の大きい大都市においてのみその導入が可能となる。

　逆に，人口の少ない地方都市においては旅客需要も小さいので，既存の鉄道の有効利用を除いて鉄道の新規導入は考えにくいのが現状である。

　都市内の鉄道路線としては，都心と郊外を放射状につなぐのが一般的である。この場合，都心を終点とするよりは都心を通過する形とする方が，輸送能力・利便性・用地確保の点から望ましい。また東京・大阪等の大都市には複数の都心が存在し，鉄道のネットワークも網目状に配置されており，放射状の鉄道網を相互に連絡し，副都心を経由した環状線も整備されている（**図8.11**）。

図8.11 東京の鉄道網（国土交通省鉄道局：数字でみる鉄道 2013, p.141,（一財）運輸政策研究機構（2013）より作成）

　鉄道の路線どうしが交差したり複数の鉄道路線が接続する場合，その部分に駅を設置すれば乗換え機能が生じ，鉄道の機能をいっそう向上させることができる。また，このような鉄道どうしの乗換え駅周辺は，交通結節点としてだけではなく商業・業務の拠点としての役割を持つことが多い。

　（b）　鉄道と道路の立体的分離　　既存の鉄道は，道路と平面交差をしている場合が多く，道路交通の渋滞や踏切事故の発生等の原因となっている。また鉄道が地上に位置している限り，鉄道の両側にある市街地の一体的利用を期待することは難しい。仮に，都市内の鉄道を道路と立体的に分離することができれば，都市整備上の効果はきわめて大きいものとなる。そこで，道路または鉄道のいずれかを高架または地下とし，立体交差化する方策が採用される場合がある。

　鉄道がとりうる縦断勾配は道路と比較して緩いため，一般に道路を高架または地下にする方法がとられる。しかし，鉄道と交差する平面道路が多かったり，鉄道により市街地が分断されている場合には，鉄道を地下方式または高架方式へと立体化すれば，市街地の高度利用および一体的利用を実現することができる。

　また，鉄道を立体化する方式としては，高架より地下の方が都市の景観・日照等の観点からは望ましいが，地下にすると整備のためのコストが膨大になる点を考慮する必要がある。なお高架鉄道は都市空間を線的に分断する長大構造物であるから，都市景観上の十分な配慮が求められる。高架の場合は構造物のタイプやデザインが重要であり，単にコストを下げる観点からの計画・設計に留まってはならない。

　（c）　鉄道駅と駅前広場　　わが国の都心地区の多くは，鉄道駅を中心に形成されてきた。駅および駅前広場は鉄道とバス等の他の交通手段との間の乗換えのための結節点として重要なだけではなく，都市の中心・シンボルとなっている場合が多い。

　特に，地方都市においては，鉄道駅の周辺が唯一の都心となっているから，ほとんどの場合，駅前広場は都市の中心的空間として位置づけられる。モータ

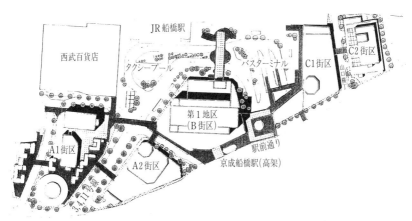

図 8.12　船橋駅前の再開発（船橋市企画部調整課：船橋市新基本計画「ふなばし未来
　　　2001」，pp.50 - 51，船橋市（1991））

リゼーションの進展に伴い，商業機能が郊外に分散しつつある今日，地方都市の都心衰退を防ぐためにも駅前広場をはじめ道路・駐車場等のインフラ整備を積極的に進めていく必要がある。この場合，駅舎の改築や周辺商業・業務地区の再開発等を一体的に考え，駅周辺部の商業・業務機能を高めることが，都心の活性化にとって効果が大きい（**図 8.12**）。

〔**3**〕　**バス**

（**a**）　**バスの路線計画**　　大都市においては，バスは鉄道を補完する補助的な公共交通機関と考えられているが，地方都市では主要な公共交通機関として重要な役割を担っている。ところで，バスは一般の自動車に混じって走行するから，道路交通が増大するに従い走行速度は低下していくという制約を持つ。そのため多くの都市でバス交通のサービスレベルが低下し，バスに対する信頼性・有利性が失われ，マイカーへの転換を促す結果となっている。このような利用客の減少は運賃収入の減少をもたらすので，経営を続けるためには料金の値上げ，運行回数や頻度の削減等のサービス水準のいっそうの低下が避けられなくなる。

　また，バスは自動車を利用できない高齢者や身障者・低所得者（**キャプティブ**という）にとって，欠くことのできない交通の手段であり，バスサービスが低下するとこれらの人々の生活に大きな影響を与えることとなる。

　なお，バスの魅力を高めるための方策として，バス専用レーン・優先レーンを設置し走行速度を上げる工夫や，雨風にさらされない快適な停留所の設置，バスの到着時間・所要時間をあらかじめ利用者に知らせるシステムの導入等を積極的に図ることが考えられる（**図 8.13**）。

（**b**）　**バスターミナル**　　複数のバス路線の起終点や停留所を 1 か所に集めた**バスターミナル**を設置することにより，バス路線間の乗換えを円滑にすることができる。また，鉄道駅に隣接してバスターミナルを整備すれば鉄道とバスの乗換えがスムースとなり，利用者の利便性を向上させることができる。バスターミナルを設置するためのスペースがない場合には，バスターミナルと他の用途を組み合わせた複合的建築物として整備していくことも考えられる。

図8.13　バス専用レーン（名古屋市計画局：基幹バス）

〔4〕　**新交通システム**　　**新交通システム**とは既存の道路や鉄道とは異なり，新しい駆動システムやコンピュータシステム等を利用した交通システムの総称である。新交通システムには，動く歩道のような**連続輸送システム**，モノレールのような**軌道システム**，ディマンドバスのような無軌道システムなどがある（**表8.7**）。また輸送距離の長さにより，長距離輸送に適するシステムと短距離輸送に適するシステムに分けることもできる。

　動く歩道のような短距離型の新交通システムは，数十メートルから数百メートルの短距離の輸送サービスを担うことを目的としており，大都市のターミナル駅や大規模な複合公共建築等の，大量の歩行者が発生する拠点において整備される。

　一方，モノレールを代表とする中量軌道システムは，鉄道とバスの中間的な輸送能力を有しており，地方中枢都市の主要な公共交通機関として，また大都市の空港や大規模開発地等と都心とをつなぐ公共交通機関として設置されている（**図8.14(a)**）。なお，新交通システムのうちモノレール等については，軌道部分等を特殊道路として位置づけ，街路事業により整備する方式がとられている。新交通システムのうち中量軌道システムは，今後多くの都市に導入されてくることが予想されるが，導入空間として4車線以上の道路が必要であり，道路整備と一体的に推進される必要がある。

表8.7　新交通システムの分類

機能・技術面からの分類	
輸 送 方 式	連続輸送方式………動く歩道など 非連続輸送方式……カプセル輸送など
走 行 形 態	有軌道方式──┬─モノレール 　　　　　　 └─ガイドウェイ，デュアルモード・バスなど 無軌道方式…………ディマンドバス
動　　力	地上動力形式………動く歩道など 車上動力形式………ガイドウェイなど
推 進 方 式	機械式推進…………内燃機関，モーター，ベルトなど 空気力学的推進……ジェット，プロペラなど 電磁式推進…………リニア・モーターなど
支 持 方 式	機械的支持 空気力学的支持……エア・クッション，エアパッドなど 電磁式支持…………磁気浮上など
案 内 方 式	電気的案内──┬─走行誘導方式 　　　　　　 └─拘束誘導方式 空気力学的案内 電磁的案内 無線式案内…………誘導ケーブルなど
分 岐 方 式	地上分岐……………VONA など 車上方式……………CVS，KRT など
形態面からの分類	
連 続 輸 送 シ ス テ ム	動く歩道など
軌 道 輸 送 シ ス テ ム	モノレール AGT──┬───SLT 　　　 ├─GRT……KCV，NTS など 　　　 └─PRT……CVS など
無軌道輸送 シ ス テ ム	ディマンドバス・システム シティーカー・システム
複 合 輸 送 シ ス テ ム	DMBSなど

((社)交通工学研究会編：交通工学ハンドブック，pp.426 - 427，技報堂出版（1984）より作成)

　最近では路面電車を近代化して復活させる動きも出てきており，富山港線(ポートラム)のようなLRT（light rail transit）の導入が今後増えると思われる（図8.14(b)）。また，連結バスや公共車両優先システム，バスレーン等を組み合わせたBRT（bus rapid transit）の導入も進められている。

（a）千葉モノレール　　　　　　　　（b）富山LRT

図8.14　新交通システム（図（a）は，千葉県・千葉市：タウンライナーのパンフレットの表紙より，図（b）は富山県・富山市のパンフレットより）

〔5〕　駐車場・流通センター・港湾・空港

（a）　**駐車場**　自動車を効率的に利用するためには，道路の整備水準や都市内の建築のストックに見合った駐車場の整備が必要である。駐車場が不足すると違法路上駐車がまん延し，道路の容量が低下したり，道路の沿道利用が阻害される。駐車は，建物における通勤・業務・買物等のトリップ目的を達成するために発生する交通現象であるから，駐車場整備は駐車の原因者である建物側で行うのが原則である。そこで，商業・業務地区のように自動車利用が多く路上駐車が発生する地区においては，大規模な建物や施設に対して駐車場の付置を義務づけていく必要がある。ただし，鉄道駅周辺や中心商店街等では不特定多数による駐車需要が大きく，建物側だけで駐車場の整備を行うことは困難であるから，公共性の高い一時預かり駐車場の設置も必要である。

駐車場の計画に当たっては，駐車場の利用圏が半径200 m〜300 mである点を考え，利用圏ごとに必要量を算定する。

　路外駐車場だけでは地区全体の駐車需要を満たすことができない場合，道路の容量を低下させない範囲で路上駐車を認めていくことも考えられる。

　また，商業地区や問屋等の集中する地区等では物流機能が重要なので，荷さばきのためのスペースも併せて検討する必要がある。

　（b）流通センター　都市内の物流機能を改善し，都市交通を円滑にするためにはトラックターミナル・卸売市場，倉庫等の物流施設の配置や規模を定めなくてはならない。例えば，トラックターミナルや卸売市場では，都市間輸送のための大型トラックと，都市内集配送のための小型トラックとの間で積替え等が行われるので交通が集中する。したがって，これらの流通施設が複数寄り集まって構成される流通センターを都市の外縁部に配置し，住宅地や商業地の中を大型車が通過しないよう計画する。

　一般に流通センターの適地としては，高速道路・国道・都市の主要幹線道路間のインターチェンジや結節点に近い地点が選ばれる。

　（c）港湾　港湾は個々の都市だけではなく，広域の後背地全体に対する物流サービスの要としての役割を担っている。港湾はその機能・規模・後背地の大小等により特定重要港湾・重要港湾等の区別がなされている。

　港湾の周辺は港湾法により**臨港地区**が定められ，港湾にとって必要な機能が担保されるよう土地利用が規制されている。都市計画区域内の臨港地区においては，市街地側と港湾側の土地利用の間で調整を図り，一体的な計画としていくことが強く求められている。なお，港湾にはコンテナをはじめ，貨物輸送のための大型トラックが出入りするので，これらの交通と市街地の一般の交通とを分離することが望ましい。

　（d）空港　空港は一つの都市の圏域を超え，より広域のための施設として位置づけられなくてはならない。空港の計画に当たっては，旅客の需要動向だけではなく空域上の調整が必要であり，全国的な視点から位置や規模が決定されてくる。

　さらに，空港は航空機の離発着による騒音問題が深刻であるから，都市からある程度離れた位置に計画されるべきである。しかし，都市が拡大することによ

って，これまで都市の外縁部にあった空港が市街地の中に飲み込まれてしまう例も多く，これらの空港は都市の外側に再配置されることが必要になってくる。東京・大阪のような大都市においては，旅客需要が大きく空港へのアクセス時間が長くなるので，複数の空港をバランスよく配置していくことが求められる。

8.3 都市交通計画の立案

8.3.1 都市交通計画のあり方

〔1〕 **総合都市交通計画の必要性**　人および物に関するすべての交通目的，すべての交通手段を対象にした，都市全体の将来交通計画を**総合都市交通計画**と呼んでいる。総合都市交通計画は当該都市の交通需要に応えるだけではなく，土地利用・環境・エネルギー等の幅広い視点からの評価にも堪えるものでなくてはならない。

交通需要量は都市の人口・産業・土地利用等の種類や規模によって異なる。例えば，商業・業務地域では人や物の発生・集中量が多いが，住宅地域では発生・集中量が少なくなる。また道路や鉄道が新たに整備されると，その沿道や沿線の開発が進み土地利用も大きく変化していき，交通需要もしだいに大きくなってくる。このように交通施設と土地利用は密接な関係を有しているので，都市交通計画を立案する際には，その都市の将来における土地利用を正確に予測することが大切である。

〔2〕 **交通需要管理の考え方**　都市内の交通需要は増大する一方だが，道路や鉄道等の交通施設整備には多額の資金と長い期間を要するから，交通需要に見合った供給を図っていくことはきわめて困難である。そこで，既存の交通インフラを前提として，規制や誘導等のソフトな政策を中心に交通を円滑化していく**交通需要管理**（transportation demand management；TDM）が重要になってきている。具体的には，一方通行・バス専用レーン・ゾーンシステム等，自動車の出入りや走行をコントロールすることにより，既存の道路容量を効率的に活用することを目指している（**表8.8**）。

さらに，交通の需要や都市そのものの成長を管理し，交通問題を解決しよう

表8.8 TDM 手法のねらい

おもなねらい	交通行動から見たねらい	内 容	おもな施策
時間帯の変更	移動量の減少	朝夕のピーク時間帯の交通をピーク時間外にシフトさせ，交通需要の時間的平滑化を図る	・フレックスタイム ・時差通勤
経路の変更	自動車交通の減少	混雑する道路や交差点の交通を分散することにより，交通需要の空間的平滑化を図る	・道路交通，駐車場情報の提供
手段の変更		大量公共機関の利用を促進することにより，適切な交通手段別分担を図る	・パーク＆ライド ・公共交通機関の利用促進 ・歩行者，自転車ゾーンなどの設置
自動車の効率的利用	交通量の平滑化	乗用車の平均乗車人員を増加し，貨物車の積載率を高めることにより，効率的な自動車利用を図る	・相乗り，またはシャトルバス ・物資の共同集配
発生源の調整		勤務日数の調整や通信手段による代替により，発生量の調整を行う	・勤務日数の調整 ・通信手段による代替
すべてのねらいに対応可能な施策			・路上駐車の適正化 ・交通負荷の小さい土地利用 ・駐車マネジメント
"発生源の調整"を除く四つのねらいに対応可能な施策			・ロジスティクスの効率化 ・ロードプライシング ・走行規制

とする都市の成長管理政策も考えられてきている。

8.3.2　都市交通計画立案のプロセス

〔1〕　交通計画の基本的考え方

（a）　総合都市交通計画立案の手順　　都市交通計画の対象，範囲，手順・方法等は計画策定の目的によってそれぞれ異なってくるが，都市全体の長期的な交通体系を定めることを目的とした総合都市交通計画が重要である。

　総合都市交通計画を立案する場合，通常，① 都市の将来の人口や自動車保有台数等のフレーム予測，② 計画代替案の設定，③ 将来交通需要の予測，④ 計画代替案の評価，⑤ 計画案の選択，というプロセスを踏む（図8.15）。

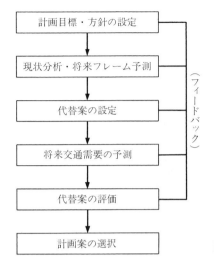

図8.15　総合交通計画策定プロセス

〔2〕　交通需要予測モデル

（a）　四段階推計法　　将来交通需要の予測は，① 発生・集中交通量の予測，② 分布交通量の予測，③ 交通手段別分担交通量の予測，④ 交通量の配分という四段階のステップを踏み進められることが多く，このプロセスを**四段階推計法**と呼んでいる（**図8.16**）。

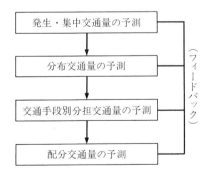

図8.16　四段階推計法

　四段階推計法では計量的な分析，予測が進められるが，そのためにはまず対象都市ゾーンに分割することが必要になる（**図8.17**）。そして各ゾーンからの発生・集中量や分布量は**OD表**（origin and destination table；起終点表）の形

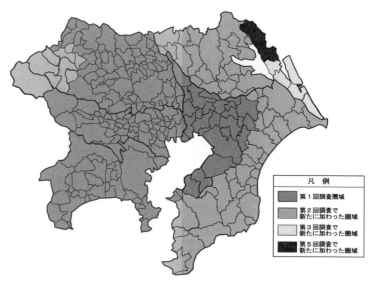

図 8.17　ゾーニングの例（東京都市圏）（東京都市圏交通計画協議会：東京都市圏パーソントリップ調査 PT データ利用の手引き（2012）より作成）

表 8.9　東京都市圏のパーソン OD 表

O ＼ D	東京区部	東京郡部	横 浜 市	川 崎 市	神 奈 川	埼玉南部
東 京 区 部	19 001 981	933 546	581 536	349 402	290 159	965 559
東 京 郡 部	941 043	6 061 553	77 213	71 957	153 416	145 430
横　浜　市	582 076	77 453	5 482 992	243 965	412 929	11 840
川　崎　市	348 733	73 590	245 236	1 712 728	68 098	10 664
神　奈　川	294 815	151 364	409 773	68 416	6 581 224	8 585
埼 玉 南 部	970 568	146 639	12 435	10 014	8 774	6 565 567
埼 玉 北 部	191 918	22 326	3 520	1 890	2 515	331 949
千　葉　市	131 864	3 267	2 693	1 391	1 582	4 614
千葉西北部	775 452	17 826	12 773	7 669	6 659	59 285
千葉西南部	19 712	567	1 372	819	1 078	1 055
千 葉 東 部	13 537	640	1 326	251	755	1 550
茨 城 南 部	75 501	2 070	1 622	977	999	14 937

（東京都市圏交通計画協議会：東京都市圏の人の動き，p 15(1989)）

で表現する（**表8.9**）。

（b）**発生・集中量の予測**　都市の住民が1人1日当り何回のトリップを行うかを表す指標が生成原単位であるが，生成原単位を用いて都市全体の発生または集中交通量を把握することができる。これまで実施されたパーソントリップ調査によれば，生成原単位は2.5〜2.8程度となっている（**表8.10**）。つぎに各ゾーンから発生するパーソントリップと各ゾーンに集中するパーソントリップを推計する。ゾーン別発生量および集中量は，原単位または発生・集中モデルを用いて予測されるが，説明変数としてはゾーンの夜間人口・職業別就業人口・土地利用別面積・商品販売額・工業出荷額等の指標が用いられる（**表8.11**）。

（c）**分布交通量の予測**　ゾーン間のパーソントリップ分布量を予測するモデルとして，**現在パターン法**と**分布モデル法**がある。現在パターン法は将来の分布パターンが，現在の分布パターンと比べてあまり変化しないことを前提にしている。一方，分布モデル法は将来の分布パターンが将来の各ゾーンの発生・集中量の大きさやゾーン間の時間距離等の変化に伴い，現在のパターンとは異なってくるという構造を組み込んだ考え方となっている。現在パターン法には平均成長率法・デトロイト法・フレーター法等がある。また，分布モデル

（全目的全手段パーソンOD表）（1988年）

〔単位：トリップ〕

埼玉北部	千 葉 市	千葉西北部	千葉西南部	千葉東部	茨城南部
187 789	129 298	770 845	19 554	14 180	74 328
21 571	2 910	17 669	607	625	2 279
3 683	2 877	12 865	1 154	1 315	1 928
2 177	1 285	8 020	819	464	550
2 710	1 679	7 001	769	832	1 181
333 200	4 486	60 466	931	1 458	14 666
3 791 254	581	10 878	351	500	12 737
539	1 303 969	181 530	55 703	41 490	2 597
10 913	183 888	4 837 310	15 518	47 809	61 505
178	55 467	15 491	1 016 684	17 505	929
571	41 953	48 762	17 787	1 633 668	22 906
12 471	2 836	60 400	851	22 893	2 538 983

表 8.10　都市圏ごとの生成原単位

区　分	都市圏	調　査年　度	平　均トリップ	外出平均トリップ
大　都　市	東　京　第 6 回	2018	2.00	2.61
	京 阪 神　第 5 回	2010	2.29	2.87
	中　京　第 5 回	2011	2.40	2.96
地方中枢都市	広　島　第 2 回	1987	2.82	3.21
	道　央　第 4 回	2006	2.49	3.09
	仙　台　第 5 回	2017	2.38	2.86
	北部九州　第 5 回	2017	2.28	2.96
地方中核都市	岡山県南　第 3 回	1994	2.48	2.89
	熊　本　第 3 回	1997	2.47	2.97
	富山高岡　第 3 回	1983	2.80	3.31
	金　沢　第 4 回	2007	2.51	2.71
	長　崎　第 3 回	1996	2.38	2.85
	前橋高崎　第 2 回	1993	2.56	3.04
	沖縄中南部　第 3 回	2006	2.49	2.90
	新　潟　第 3 回	2002	2.65	3.31
	秋　田	1979	2.66	3.16
	松　山　第 2 回	2007	2.56	3.03
	徳　島　第 2 回	2000	2.53	3.01
	盛　岡	1984	2.45	2.94
	函　館　第 3 回	2019	2.92	
	水戸勝田	1990	2.53	3.00

((公財) 都市計画協会：都市計画ハンドブック 2020, pp. 254 - 282,
(公財) 都市計画協会 (2021) より作成)

表 8.11　千葉広域都市圏の発生・集中モデル

目的種類　　発生・集中	発　生		集　中	
	構　造　式	重　相関係数	構　造　式	重　相関係数
自宅→勤務先へ	$Y = 0.747\ PE_{23} - 189$	0.995	$Y = 0.735\ EE_{23} - 721$	0.992
自宅→業務先へ	$Y = 0.889\ PE_1 +$ $0.113\ PE_{23} - 117$	0.945	$Y = 1.063\ EE_1 +$ $0.124\ EE_{23} + 185$	0.889
勤務・業務先→勤務・業務先へ	$Y = 0.380\ EE_{23} + 1\,055$	0.935	$Y = 0.382\,EE_{23} + 1\,005$	0.937

PE_1：常住地 1 次産業就業人口　　　PE_{23}：常住地 2, 3 次産業就業人口
EE_1：従業地 1 次産業就業人口　　　EE_{23}：従業地 2, 3 次産業就業人口
(東京都市圏交通計画委員会：昭和 55 年東京都市圏総合都市交通体系調査報告書, パーソントリップ調査計画編, p. 132(1980))

法には重力モデル法・機会モデル法・相互作用モデル法・遷移モデル法等がある。

このうち**重力モデル法**はニュートンの万有引力の法則と同様な構造を持つモデルである。ゾーン i の発生パーソントリップ量を G_i，ゾーン j の集中パーソントリップ量を A_i，ゾーン ij 間の空間距離または時間距離を R_{ij} とすると，パーソントリップ分布量 T_{ij} は以下のように定式化される。

$$T_{ij} = \frac{a \cdot G_i^b \cdot A_j^c}{R_{ij}^d} \tag{8.1}$$

ここで，a，b，c，d はパラメータ

（**d**）　**交通手段別分担量の予測**　　分布交通量はゾーン間のパーソントリップ分布量を示しているが，この分布量は鉄道・バス・自動車・徒歩等の交通手段により分担される。このような**交通手段別分担**を予測するモデルとして，トリップエンド型分担モデルとトリップインターチェンジ型分担モデルがある。ゾーン別の発生・集中量をパーソントリップ分布量を求める前に交通手段ごとに分割する方法がトリップエンド型分担モデルであり，パーソントリップ分布量を求めた後に，OD ペアごとに交通手段ごとの分担量を予測する方法がトリップインターチェンジ型モデルである。

都市内には徒歩・二輪車・乗用車・バス・新交通・鉄道等の多くの交通手段が存在するが，これらの交通手段別分担量は段階的に推計していくことができる。つまり，はじめに徒歩・二輪車グループとその他グループの分担量に分割し，次いでその他グループをバス・鉄道等のマストラグループと自家用車グループの分担量に細分化する。さらに，マストラの分担量を鉄道・バス・新交通の分担量に分割していく。このようにして得た交通手段ごとのパーソントリップOD表を乗車人数で除すことにより，各交通手段のOD表を求めることができる。

以下にトリップインターチェンジ型モデルの例を挙げる。

ゾーン i とゾーン j の間に鉄道 r と道路 h の二つの交通手段がある場合，i ゾーンと j ゾーン間の鉄道と道路のサービス（例えば所要時間）やコスト（例えば料金）等の違いに基づき，どちらかの交通手段を選択することになる。こ

こで交通手段の選択が所要時間だけに依存すると仮定すれば，鉄道と自動車の分担は図 **8.18** のように示すことができる。なお，自動車を保有している者は保有していない者に比べて，自動車に対する選好度が高いのが一般的である。

$$_r T_{ij} = P_r \cdot T_{ij} \tag{8.2}$$

$$_h T_{ij} = P_h \cdot T_{ij} \tag{8.3}$$

$$P_r + P_h = 1 \tag{8.4}$$

$$P_r = f(_r t_{ij} /_h t_{ij}) \tag{8.5}$$

ここで，　T_{ij}　：ij 間のパーソントリップ分担量

　　　　　$_r T_{ij}$：鉄道 r を利用する ij 間のパーソントリップ分担量

　　　　　$_h T_{ij}$：道路 h を利用する ij 間のパーソントリップ分布量

　　　　　P_r　：鉄道の分担率

　　　　　P_h　：自動車の分担率

　　　　　$_r t_{ij}$：鉄道による ij 間の所要時間

　　　　　$_h t_{ij}$：自動車による ij 間の所要時間

　　　　　f　：分担率曲線の関数

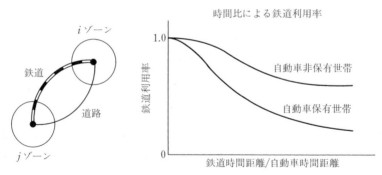

図 **8.18**　鉄道と自動車の分担関係（広島都市圏，通勤の場合）

（ e ）　**交通量の配分**　　交通手段別分担量の予測により，自動車利用 OD 表と鉄道利用 OD 表が得られる。そこで，これらの OD 表が，それぞれ，どの道路，どの鉄道路線を利用するか予測することになるが，この段階を交通量の配分という。配分により，将来の道路の区間交通量や鉄道の駅間輸送量が推計さ

れるので，今後整備すべき道路や鉄道の計画を作成することが可能となる。配分はコンピュータにより各ODの最短経路（ミニマムパス）を探索することにより行われるが，最短経路は所要時間やコストが最小となるようルートを選ぶ。なお，道路の場合，交通量が増大すると走行速度が下がり，所要時間が増加するが，これらの要素を考慮して交通量配分は行われる。

（ f ）　**非集計モデル**　　四段階推定モデルではゾーンを単位に予測しているので，推定に用いるデータもゾーンごとの集計値または平均値となっている。ゾーンの中にはさまざまな年齢・職業・所得・選好を持つ個人が存在し，時間とともにゾーン全体の条件が変化していく。都市交通計画はおおむね20年先の長期的予測であるから，将来の各ゾーンの社会的・経済的条件が現在の状態から大きく変化してしまい，予測そのものがゆがめられてしまう。

そこで，ゾーンの集計値や平均値によらず，ゾーンを構成している一人ひとりの，年齢・職業・所得等の個人属性を組み込んだ**非集計モデル**が考えられている。非集計モデルは，ゾーンの将来の長期的変化を的確に予測できる理論的な利点を有している。

〔3〕　**交通計画の評価**

（ a ）　**評価の考え方**　　意思決定者が都市の将来交通ネットワークや施設を選択・決定する場合，交通計画の代替案をおのおの評価する必要がある。評価に際しては，評価の立場，評価の項目とウェイト，評価の基準や方法を明確にし，意思決定者が評価のプロセス全体を正しく認識できるようにしなければならない。また，意思決定者はこれらの評価結果を判断の根拠にするが，評価の対象とならなかった政治的・社会的条件も含めて総合的に判断して最善の計画案を選択することが求められる。

（ b ）　**評価の方法**　　交通計画の代替案を評価する方法としては，費用と便益を比較し最も効率のよい計画を選択する**費用便益分析**，計量が困難な定性的項目も含めて評価する**費用効果分析**等，さまざまな方法が提案されている。ここでは最もよく用いられる費用便益分析手法について説明を加える。

交通代替案 P_i（iは代替案を示す。$i = 1, 2, \cdots n$）の建設費用をC_i，t年後

の便益（例えば，なにも整備しないケースと比較して，節約できる時間価値・燃料費・車両費等の合計金額）を S_{it} （$t=1, 2, \cdots m$）とし，利子率を r とする。また，S_{it} を現在価値に割り戻した値を S_{it}' とし，計画案 i の評価期間（通常20年間）全体にわたる便益の累積金額を B_i とおくと，代替案 P_i の費用便益比 R_i は以下のように表される。

$$S_{it}' = \frac{S_{it}}{(1+r)^{t-1}} \tag{8.6}$$

$$B_i = \sum_{t=1}^{m} S_{it}' \tag{8.7}$$

$$R_i = \frac{B_i}{C_i} \tag{8.8}$$

いうまでもなく，$R_i \geqq 1$ でなければ費用に見合う便益が得られないのでその計画案は採用されない。費用便益分析は，費用や便益の絶対値ではなく費用と便益の比でもって比較を行い，複数の計画案のうち費用便益比の大きいプランほどよいプランとして評価される。

8.4　都市交通施設の整備事業

8.4.1　社会資本としての都市交通施設

一般に，市場機構に供給を委ねていると，社会全体にとって必要な量が確保できず，著しく不均衡が生じてしまう資本を社会資本と呼んでいる。道路・鉄道・港湾・空港等の都市交通施設も社会資本として位置づけられており，公共セクターの介入が必要とされる。しかし，鉄道・道路・港湾等の交通施設は歴史的に異なる発展を遂げてきているから，整備の制度・財源・事業主体・官民の役割・料金等さまざまな点で違いを有している。おのおのの交通施設事業の進め方や公共セクターの介入の特徴・制度も異なっている。これまで道路・港湾・空港などは，それぞれ5か年（または7か年）計画に位置づけたのち順次整備してきたが，現在では社会資本整備重点計画に一本化されている。

8.4.2　施設別事業の概要

〔1〕　道路整備事業　　都市内道路は公共事業として，国・地方公共団休等

により施行される。道路の整備は**ガソリン税**を原資とする道路整備特別会計により進められるが，都道府県道・市町村道の場合，国の補助金のほかに起債および一般財源をあてている。都市内道路の整備手順としては，都市計画決定を行い，社会資本整備重点計画にのっとり，優先順位が高く費用便益比の高い路線の中から，都市計画事業認可を受け事業を実施していく。

〔2〕　**鉄道整備事業**　　鉄道整備は，**鉄道事業法**に基づき免許を受けた鉄道会社により施行される。鉄道事業の経営形態としては ① 私鉄のような民間資本のみのもの，② 営団地下鉄のような国および地方公共団体によるもの，③ 第三セクター方式のように民間および国・地方公共団体によるもの，④ 公営地下鉄のような地方公共団体によるものに分けられる。鉄道事業の財源としては資本金・出資金や運賃収入のような自己資本のほかに，補助金や地方債・交通債がある。東京・大阪をはじめとして札幌・仙台・福岡等の政令指定都市では地下鉄の整備が進められている。地下鉄の補助は，事業者に補助対象建設費の一部を国と地方公共団体が補助することにより行われる。ニュータウン鉄道については，住宅の立地に先行して鉄道を整備する必要があることから，補助対象費の一部を国と地方公共団体が分割補助することとなっている。

〔3〕　**港湾整備事業**　　港湾の整備および管理は，港湾法により規定される。港湾は地方公共団体・一部事務組合等により管理され，整備は国・港湾管理者・外貿埠頭公社・第三セクター等により行われる。整備財源は整備主体により異なり，国の場合は公共事業であるが，地方公共団体では国からの補助金・起債等により進められている。

　港湾の整備は，社会資本整備重点計画に沿って，順次進められる。

〔4〕　**空港整備事業**　　空港の整備および管理は国または地方公共団体が行うこととなっており，第一種空港（成田・関西・羽田・伊丹）は国または成田国際空港株式会社・関西国際空港株式会社などが行う。主要国内路線に必要な第二種空港の整備は国と地方公共団体の負担により行われる。空港整備も社会資本整備重点計画にのっとり進められている。

第9章

公園・緑地の計画と整備

9.1 公園・緑地の分類と特性

9.1.1 公園・緑地の意義

　公園・緑地は都市内における一般市民の遊びや憩いの空間として重要であるだけではなく，自然地もしくは低密度利用な空間として都市環境を維持・保全する役割も担っている。**公園**と**緑地**の差異については明確な基準が存在するわけではないが，公園はその利用効果を主たる機能とする空間であるのに対し，緑地はその存在効果を主たる機能とする空間であると考えることができよう。

9.1.2 公園・緑地の種類

　わが国の現行法体系では，公園には自然公園法に基づく国立公園や国定公園のように風景地の保護・利用等のために一定の地域を指定する形をとる公園（**地域制公園**と呼ばれる）と都市公園法に基づく都市公園のように国や地方公共団体が直接，設置・管理する公園（**営造物公園**と呼ばれる）があるが，都市計画において問題となるのはおもに後者である。また，緑地も都市公園に限らず社寺境内から農林地，河川敷に至るオープンスペース全般を指す場合（広義）と都市公園等に該当する営造物たる施設緑地を意味する場合（狭義）とがあるが，「都市施設」として検討する場合にはおもに後者の概念となる。

　「都市施設」としての公園・緑地は一般に**表9.1**のように分類される。

　なお，表中の「基幹公園」とは都市住民の生活に密接した利用に供する基本的な公園を意味し，住区を計画単位として配置されるものを**住区基幹公園**，都

表 9.1 都市公園の種類

種類	種別	内容
住区基幹公園	街区公園	もっぱら街区に居住する者の利用に供することを目的とする公園で誘致距離250 mの範囲内で1か所当り面積0.25 haを標準として配置する
	近隣公園	主として近隣に居住する者の利用に供することを目的とする公園で近隣住区当り1か所を誘致距離500 mの範囲内で1か所当り面積2 haを標準として配置する
	地区公園	主として徒歩圏内に居住する者の利用に供することを目的とする公園で誘致距離1 kmの範囲内で1か所当り面積4 haを標準として配置する 都市計画区域外の一定の町村における特定地区公園（カントリーパーク）は，面積4 ha以上を標準とする
都市基幹公園	総合公園	都市住民全般の休息，観賞，散歩，遊戯，運動等総合的な利用に供することを目的とする公園で都市規模に応じ1か所当り面積10〜50 haを標準として配置する
	運動公園	都市住民全般の主として運動の用に供することを目的とする公園で都市規模に応じ1か所当り面積15〜75 haを標準として配置する
大規模公園	広域公園	主として一の市町村の区域を超える広域のレクリエーション需要を充足することを目的とする公園で，地方生活圏等広域的なブロック単位ごとに1か所当り面積50 ha以上を標準として配置する
	レクリエーション都市	大都市その他の都市圏域から発生する多様かつ選択性に富んだ広域レクリエーション需要を充足することを目的とし，総合的な都市計画に基づき，自然環境の良好な地域を主体に，大規模な公園を核として各種のレクリエーション施設が配置される一団の地域であり，大都市圏その他の都市圏域から容易に到達可能な場所に，全体規模1000 haを標準として配置する
国営公園		主として一の都府県の区域を超えるような広域的な利用に供することを目的として国が設置する大規模な公園にあっては，1か所当り面積おおむね300 ha以上を標準として配置する。国家的な記念事業等として設置するものにあっては，その設置目的にふさわしい内容を有するように配置する
緩衝緑地等	特殊公園	風致公園，動植物公園，歴史公園，墓園等特殊な公園で，その目的に則し配置する
	緩衝緑地	大気汚染，騒音，振動，悪臭等の公害防止，緩和もしくはコンビナート地帯等の災害の防止を図ることを目的とする緑地で，公害，災害発生源地域と住居地域，商業地域等とを分離遮断することが必要な位置について公害，災害の状況に応じ配置する
	都市緑地	主として都市の自然的環境の保全ならびに改善，都市の景観の向上を図るために設けられている緑地であり，1か所当り面積0.1 ha以上を標準として配置する ただし，既成市街地等において良好な樹林地等がある場合あるいは植樹により都市に緑を増加または回復させ都市環境の改善を図るために緑地を設ける場合にあってはその規模を0.05 ha以上とする（都市計画決定を行わずに借地により整備し都市公園として配置するものを含む）
	緑道	災害時における避難路の確保，都市生活の安全性および快適性の確保等を図ることを目的として，近隣住区*または近隣住区相互を連絡するように設けられる植樹帯および歩行者路または自転車路を主体とする緑地で幅員10〜20 mを標準として，公園，学校，ショッピングセンター，駅前広場等を相互に結ぶよう配置する

注）*幹線街路等に囲まれたおおむね1 km四方（面積100 ha）の居住単位

市を計画単位として配置されるものを**都市基幹公園**と称している。

9.2　公園・緑地の計画立案と事業

9.2.1　計画目標量と配置基準

　都市公園に関する法制度としては，1956年（昭和31年）制定された**都市公園法**があり，同法施行令に都市公園の計画目標量と配置基準がうたわれているが，同法は1993年（平成5年）6月，施行令の見直しが行われ，整備目標量，配置基準とも一部が改められた。ここでは以下，現在の同法施行令にうたわれている目標量と配置基準を紹介する。

　〔1〕　**計画目標量**　「市町村区域内の都市公園」の住民1人当り敷地面積の標準は $10\,\mathrm{m}^2$/人，「市町村の市街地の都市公園」の当該市街地住民1人当り敷地面積の標準は $5\,\mathrm{m}^2$/人とする。

　〔2〕　**配置基準**

　（a）　**公園・緑地の体系化**　都市公園法には個別の公園・緑地の配置基準が示されているが，これら公園・緑地は個別に考えられるのではなく，都市の中に体系的に配置されなければならない。この場合，一般に環境保全系統・レクリエーション系統・防災系統・景観構成系統の4点からその配置を検討することが必要であり，また，当然のこととして都市の土地利用体系，他の都市施設体系とも整合のとれたものとする必要がある。このため，1994年（平成6年）の都市緑地保全法の改正により，市町村は都市の緑全般に関する総合的な計画，すなわち都市公園の整備や緑地の保全から緑化意識の啓発活動等ソフト面も含めた「緑地の保全及び緑化の推進に関する基本方針」（いわゆる緑の基本計画）を策定できることとなった。この「緑の基本計画」は都市の総合計画・マスタープランとも整合を図って立案されるが，特別の法に基づいて個人の権利に影響を及ぼす規制力等を持った計画ではなく，（b）に示す個々の公園・緑地配置基準を勘案しながらその将来の姿，整備にかかわる大きな方針を示すものと考えられる。

　なお，2002年（平成14年），都市緑地保全法は再度改正されて「都市緑地法」

という名称になり，都市公園法とこの都市緑地法の両輪で緑地の保全，都市の緑化，公園整備を進めることとなった。例えば，屋敷林や市街地内にスポット的に残された樹林地など，特に貴重な緑地を保全するために，建築行為や土地の造成などの行為を許可制にする「特別緑地保全地区」，市街地近郊の里地・里山の保全のために建築行為や土地の造成などの行為の届出を義務づける「緑地保全地域」を設定できることとなったし，大規模敷地を対象に最低限度の緑化率を義務づける「緑化地域」なども導入された。

（**b**）　**公園種類別の配置基準**　都市公園の配置の考え方は表9.1に示すとお

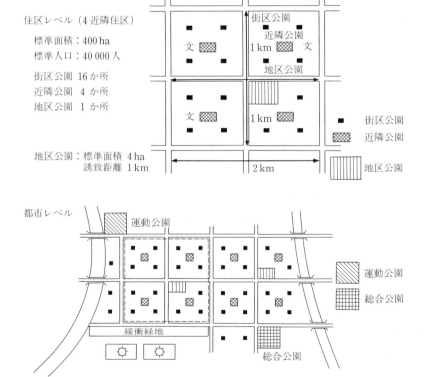

図9.1　近隣住区論に基づく空間構成モデルと住区基幹公園の配置

りである。

　一般に住区基幹公園と呼ばれる**街区公園**，**近隣公園**，**地区公園**については図**9.1**に示す近隣住区論に基づく空間構成モデルを想定すれば理解しやすい。

　また，住区基幹公園とは異なる「主として公害または災害を防止することを目的とする緩衝地帯としての都市公園」，「主として風致の享受の用に供することを目的とする都市公園」，「主として動植物の生息地または生育地である樹林地などの保護を目的とする都市公園」，「主として市街地の中心部における休息または観賞の用に供することを目的とする都市公園」などについてはその設置目的に応じて都市公園としての機能を十分に発揮することができるように配置と規模を定めることとされており，特に配置のモデルが存在するわけではない。

9.2.2　公園・緑地整備の事業

　公園・緑地整備の事業は「公園・緑地を整備する用地を確保する段階」と「その用地内に施設を整備する段階」の2種類に分けて考えることができる。

　用地確保については「公園を管理することとなる主体が直接買収で取得する方法」と土地区画整理事業のように「面的な市街地整備事業によって開発事業者の負担で生み出す方法」があるが，実際には住区基幹公園についてはその半数以上が土地区画整理事業によって生み出されている。また，施設整備についてはこうした市街地開発事業の中で実施される場合もあるし，用地を引き渡した後，公園担当部局が別途施設整備を行う場合もある。

　なお，将来の公園・緑地体系の実現に向けてあらかじめその用地にかかわる権利の制限を行うためには，「都市施設」として公園緑地の都市計画の決定を行わなければならない。

　また，都市計画決定されている公園の整備については都市計画事業として実施されるが，都市計画の決定が行われていない公園は施設管理者の任意事業として実施される。

第 10 章

供給処理施設の計画と整備

10.1 供給処理施設の種類と特性

現代の都市生活は上下水道・電気・ガス・熱供給・廃棄物処理などさまざまな物質・エネルギーの供給処理システムによって支えられている。

上水道はわが国では江戸時代に玉川上水が整備されたことが有名であるが，近代的な水道施設が整備されだしたのは明治中期のことである。その後，順調に整備が進められわが国においては今日ではほとんどの地域に普及している。

一方，**下水道**については，そもそもし尿が資源として農地に還元されていたこともあって「近代的都市施設としての下水道」という意味では歴史が浅い状態にある。したがって施設整備の状況は西欧諸国に比べ大きく立ち遅れ，大都市部ではかなり普及してきたとはいえ，全国的に見ると現在でもまだ低い水準に止まっている状況にある。

電気は基本的に全国を 10 地域に区分して，9 電力会社および沖縄電力株式会社が供給するシステムとなっている（近年，自由化が進み新たな事業者の参入も認められるようになりつつある）が，発電のシステムは水力から火力（天然ガス・石炭・石油）そして原子力の登場と徐々に変化してきている。ガスも電気同様，地域独占事業であったが，自由化が進みつつある。現在は一般ガス事業者と簡易ガス事業者によってLNG（液化天然ガス），LPG（液化石油ガス）などを原料とした都市ガスの供給が行われている。**熱供給**は 1970 年（昭和 45年）千里ニュータウンセンター地区で地域冷暖房が実施されて以来，各地で取

り組まれるようになったもので，比較的新しいシステムであるが，今後は省エネルギー，環境保全の立場からその整備ニーズが高まってくるものと考えられる。

また，**廃棄物**については家庭系と産業系に区分され，家庭系については市町村が，産業系については発生事業者が責任を負うことを原則としている。処理方法は焼却と埋立てが中心であるが，近年は環境問題への配慮からリサイクルの動きも盛んとなっている。

このように，供給処理のシステム・施設は現代の生活に不可欠な存在となっており，都市計画法上は水道・電気供給施設・ガス供給施設・下水道・汚物処理場・ごみ焼却場等が「都市施設」として都市計画決定することができる。つまり，これらの施設を都市内のどこに，いかなる規模で配置・整備するかを定め，その用地確保のために，個人の権利に制限を加えることができることとなっている。ここでは以下，おもに公共団体が責任を持つ範囲，つまり上下水道，廃棄物処理施設を中心に取り上げて解説する。

なお，建築基準法第51条において，都市計画区域内で卸売市場，火葬場またはと畜場，汚物処理場，ごみ焼却場など処理施設の用途に供するものは，特例を除き敷地の位置を都市計画決定しなければ，新築または増築ができないとされている。

10.2 供給処理施設の計画立案と事業

10.2.1 上 水 道 施 設

〔1〕 計画の考え方　　上水道施設は大きく取水施設，貯水施設，導水施設，浄水施設，送水施設，配水施設，給水施設に区分される（図 10.1）。

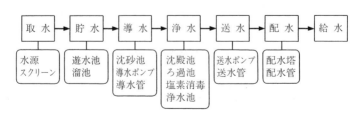

図 10.1　上水道の流れ

　上水道施設計画において考慮しなければならない点は水の質と量であり，前者については**水道法**にその水質の基準が規定されており（**表 10.1**），凝集剤を使った急速ろ過システムや長時間の普通沈殿と細粒砂層を組み合わせた緩速ろ過システムなどを基本として浄化が行われている。

表 10.1　水道水の基準

健康に関連する項目：一般細菌，大腸菌群，シアン，水銀，鉛，六価クロム，カドミウム，セレン，ヒ素，フッ素等 29 項目
水道水が有すべき性状に関する項目：塩素イオン，有機物等，銅等 17 項目

　注）このほか質の高い水道水の目標値として快適水質項目 13 項目，原水の将来的な悪化に備えて監視項目 26 項目がある。

　上水道施設計画の量的な検討に当たっては，施設の種類に応じた対応が必要である。例えば浄水施設は 1 日に供給しなければならない水量（計画 1 日最大給水量）が重要であり，これは計画 1 人 1 日最大給水量に計画給水人口を乗じて求めることとなる（現在，1 人が 1 日に使用する上水道の量は生活水準の向上などを受けて増加を続けており，一般に 300〜400 *l*/日・人程度となっている）。また，水道料金の算定など財政計画上は計画 1 日平均給水量（計画 1 日最大給水量の 0.7〜0.85）が重要であり，管渠の敷設に関しては計画時間最大給水量（計画 1 日最大給水量を 24 で除したものの 1.3〜1.5 倍の値）が重要である。

　なお，上水道施設の配水は基本的には圧送であり，通常は 2 階まではそのまま配水することができる（それ以上は途中に配水用のタンクなどが必要となる）。浄水施設の方式は**図 10.2** に示すとおりである。

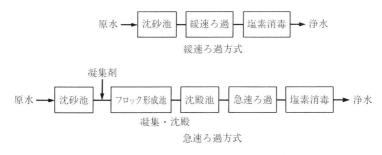

図 10.2　浄水施設（緩速ろ過と急速ろ過）

〔2〕　**事業**　　水道事業は水道法に基づいて実施されている。水道法では水道事業を**表10.2**のように区分しているが，実際には広域の一部事務組合などで運営されている水道事業が最も多い。

表10.2　水道事業の区分

名　　称	内　　　　　容
水道事業	給水人口 5 001 人以上の水道
簡易水道	給水人口 101〜5 000 人までの水道
専用水道	寄宿舎や社宅などの特定の利用者が使う給水人口 101 人以下の水道

10.2.2　下 水 道 施 設

〔1〕　**計画の考え方**　　下水道施設は大きく下水管渠，ポンプ場，処理場に区分される。また，排除の方式によって**合流式**と**分流式**の2種類がある。合流式は雨水と汚水を同じ管で排除するもので，雨が降って管渠に雨水が大量に入ってくるときには汚水を処理場で処理することなく，雨水に希釈する形で放流するシステムである。また，分流式は**図10.3**に示すように，汚水と雨水を分離して排除し，汚水は必ず処理場へ導いて処理してから放流，雨水は河川などへ直接放流する方式である。わが国においては経済的かつ維持管理面で容易であることもあって合流式が初期に普及したが，現在では水質汚濁防止の観点から分流式が主流となっている。

なお，下水道の排除については自然流下を基本とし，処理場は一般に下流に

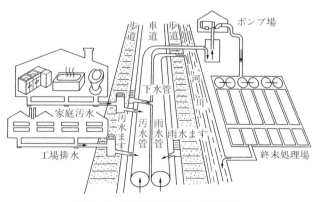

図10.3　下水道（分流式）の仕組み

設置される（困難な場合，途中にポンプ場が設置されることとなる）。

処理場では微生物による有機物の分解を中心とした処理が行われており，現在は**活性汚泥法**という**図10.4**のような流れの処理が一般的なものとなっている。

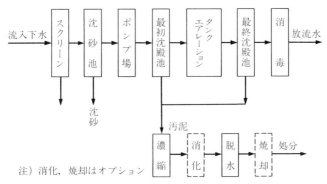

図10.4 下水処理場の処理フロー（活性汚泥法）

まず処理場に入った汚水は沈殿池で土砂や固形分を沈殿させ（1次処理），つぎにばっ気槽で空気を吹き込んで活性汚泥による有機物分解を促進する（2次処理），その後，処理水は塩素などを加えられて公共用水域へ放流されるが，近年はさらに高度な水質を求めて凝縮剤の活用などの処理（3次処理）が行われるようになっている。また，ばっ気槽などから引き抜かれた汚泥は濃縮され，消化槽で処理された後，脱水され土壌改良材などとして利用されるようになっている。

なお，施設の計画に際しては汚水量，汚濁負荷量，雨水量などを想定することが必要である。

〔2〕 **事業** 下水道事業は下水道法に基づいて実施され，**表10.3**のよう

表10.3 下水道の種類

公共下水道	市町村が事業主体となって行われる最も一般的な下水道。終末処理場を有する単独公共下水道と流末を流域下水道に接続する流域関連公共下水道がある
流域下水道	2以上の市町村の区域にわたって下水道を整備することが効率的かつ経済的である場合に都道府県が設置・管理する下水道。広域的な幹線管渠，ポンプ場，終末処理場で構成されている
都市下水路	当面公共下水道事業の予定がない市街地において雨水排除機能を高めるために指定・整備された既存の水路・小河川など

な 3 種類の下水道に区分されて事業が行われる。

10.2.3　廃棄物処理施設

〔1〕　**計画の考え方**　　廃棄物には大きく分けて**一般廃棄物**と呼ばれる主として家庭から排出されるものと**産業廃棄物**と呼ばれる事業活動に伴って排出されるものの二つがある。前者は市町村の責任で収集，運搬，処理されているが，後者は事業者の責任において処理されることとなっている。

　また，一般廃棄物の中にもリサイクルが可能な廃棄物とリサイクルが不可能な廃棄物があり，後者はさらに焼却処分が適当な可燃物と焼却処分が不適切であり埋立処分されることが多い不燃物に区分することができる。

　廃棄物処理の過程は大きく収集運搬と処理に分けることができる。一般廃棄物では，収集運搬については家庭から近傍の廃棄物集積場へ運ばれ，廃棄物専用の特殊な収集車が収集していく形が一般的であるが，近年は真空集塵装置等も活用されだしている。また，処理については可燃物については焼却処分で減量化した後，不燃物についてはそのまま最終処分場で埋立処分されることが多い。なお，産業廃棄物は原則発生事業者の責任において輸送処理される。

〔2〕　**事業**　　一般廃棄物の収集輸送・処理については市町村行政の一環として実施されている。

　また，処理施設は焼却施設・埋立て施設がその大きな部分を占めるが，施設の設置に当たっては，その施設の管理者が用地を買収して施設整備を行うことが一般的である。なお，焼却処分の場合は施設から出る余熱等を近隣の公益施設で利用することも行われている。

第**11**章

市街地整備の計画と事業

11.1 新市街地の開発整備計画

　新市街地の開発整備は農林的土地利用から都市的土地利用への転換を意味
し，既存の権利関係が複雑な既成市街地において行う再開発に比べれば，一般
に自由度の高い計画整備が可能である場合が多い。整備の範囲が広域に及び
小・中学校や地区センター等を含む総合的な新市街地の整備が実現される開発
はニュータウンと呼ばれることも多く，こうした事例には新たな開発理念・理
論に基づいた新しい都市空間の実現を目指したものも多い（**表11.1**）。

表11.1　日本の著名なニュータウン

名　　称	内　　　　　容
千里ニュータウン	大阪市，近隣住区論を適用した設計，全面買収方式
高蔵寺ニュータウン	愛知県，住宅公団初期の大規模開発
多摩ニュータウン	東京都，新住宅市街開発事業と土地区画整理事業の組合せ
港北ニュータウン	横浜市，大規模な土地区画整理事業
筑波研究学園都市	茨城県，国の研究機関の集団移転
千葉ニュータウン	千葉県，鉄道新線と一体となった大規模開発

11.2 既成市街地の再整備計画

　都市の再整備（「更新（renewal）」という表現も多く用いられる）とは「すで
に都市的土地利用となっている市街地の環境を改善するために公共施設・宅
地・建築等をもう一度整備すること」を指し，非常に広い概念である。この中

には既存の都市空間を取り壊して新たな都市空間を整備し直す全面的な再開発（redevelopment）はもちろん，既存の都市空間の部分的な修復を積み重ねて地域の環境を徐々に改善していこうという修復的再整備（rehabilitation），既成市街地内の価値ある空間資源の保全を中心に市街地空間の整備・制御を行おうとする市街地環境保全（conservation）といった概念を含んでいる。したがって，都市の再整備は市街地再開発事業，土地区画整理事業のほかさまざまな事業で実現される。

11.3　市街地整備の事業

11.3.1　概　　　　説

　市街地を整備する事業は，その目的が主として公的な空間の創造・再整備にあるのか，私有空間の創造・再整備にあるのかということによって大きく区分することができる。前者は結局，個別の都市施設の整備に結びつくこととなるし，後者は基本的には個別の敷地内における建築行為にたどり着くこととなる。このような事業はそれぞれ市街地環境の向上に寄与するものである限り「広義の市街地整備の事業」と呼ぶことができるが，一方で公的空間と私的空間の整備を一体的に実現することをねらいとして，すなわち「地域」に着眼してその整備に取り組む方法もある。一般にはこうした地域に着眼して面的に市街地の整備に取り組む事業を「市街地整備事業」あるいは「市街地開発事業」と呼ぶ。

　また，こうした面的な事業は特別の法律に基づいて行われる**法定事業**（事業の手続きや内容などが法律に規定されている事業）と法律に基づかない単なる当事者間の合意を基礎に構成される**任意事業**に区分することができる。また，法定事業であっても都市計画上の位置づけに基づいて実施される**都市計画事業**（都市施設の個別整備事業と同じ）と地域の住民の合意を基礎に実施する「都市計画事業でない事業」に区分される。なお，都市計画事業として実施される市街地整備事業は土地区画整理事業ほか 7 種類である（こうした事業は都市計画法上は**市街地開発事業**と呼ばれている）。**表 11.2** におもな法定市街地整備事業と根拠法令を示す。

表11.2　おもな法定市街地整備事業と根拠法令

事 業 名 称	目　　　的	根 拠 法 令
土地区画整理事業	公共施設の整備，改善と宅地の利用増進	土地区画整理法
特定土地区画整理事業	大都市地域内の大量の住宅地供給	大都市地域における住宅地等の供給の促進に関する特別措置法
住宅街区整備事業	大都市地域内の中高層住宅の建設，良好な住宅街区の整備	同上
新住宅市街地開発事業	全面買収による住宅市街地の大規模開発，大量供給	新住宅市街地開発法
新都市基盤整備事業	大都市周辺部における新都市開発	新都市基盤整備法
工業団地造成事業	首都圏，近畿圏の近郊整備地帯および都市開発地域で工業用地を供給	首都圏（近畿圏）の近郊整備地帯（区域）および都市開発区域の整備（および開発）に関する法律
流通業務団地造成事業	流通機能の向上および道路交通の円滑化を図り，都市機能を維持，増進	流通業務市街地の整備に関する法律
市街地再開発事業（第1種）	土地の合理的高度利用と都市機能の更新	都市再開発法
市街地再開発事業（第2種）	同上	同上
防災街区整備事業	密集市街地における防災機能の確保と土地の合理的かつ健全な利用	密集市街地における防災街区の整備の促進に関する法律（密集市街地整備法）
住宅地区改良事業	住環境の整備，改善，改良住宅の建設	住宅地区改良法
市街地住宅建設事業	市街地における住宅建設	公営住宅法，地方住宅供給公社法
一団地の住宅施設事業	集団的住宅地の計画的建設と供給	都市計画法（都市施設）

11.3.2　市街地開発事業制度の流れ

わが国最初の都市計画法は1919年（大正8年）に制定されている。それ以前にも，耕地整理法（1899年制定）に基づく耕地整理事業等によって実質的な市街地の整備が行われていたが，この都市計画法の制定の時に，初めて市街地整備の事業制度として**土地区画整理事業**が導入された（ただし，この都市計画法

には土地区画整理事業の具体的な手続き等の内容は規定されておらず，実際の事業は耕地整理法の準用によって施行されている）。

　その後，関東大震災後の震災復興に際し特別都市計画法が，また第二次世界大戦後の戦災復興に際し再び特別都市計画法が制定されたが，この二つの特別都市計画法も土地区画整理事業の施行を軸に構成されていた。その意味ではわが国の市街地整備の事業の歴史は土地区画整理事業の歴史であったといっても過言ではない。

　また，一方で度重なる都市の罹災に対し都市の不燃化が大きな課題として認識され，不燃建築の誘導や不燃化街区の形成等を推進する施策が建築行政を中心に展開されていたし，さらに不良住宅地区の改良も課題として認識されていた。こうした背景を受けて，1969 年（昭和 44 年）**都市再開発法**が制定された。同法は「公共施設の整備に関連する市街地の改造に関する法律」(1961 年制定，通称「市街地改造法」）と「防災建築街区造成法」(1961 年制定）を統合する形で制定されたものである。市街地改造法はそもそもは土地区画整理法にある立体換地規定（事業前の権利を事業後土地だけではなく建物の床にも変換して換地する規定）から生まれたもので，「駅前広場や街路といった公共施設の整備について沿道に建築物を生み出しながら実現するという事業」（**市街地改造事業**と呼ばれた）を規定したものであり，一方，防災建築街区造成法は関東大震災後の都市の不燃化に関する助成措置，路線防火建築帯の造成促進措置から発展して生まれたもので，都市の防災性の向上を大きな目的として「土地所有者による耐火建築物の整備を行う事業」（**防災建築街区整備事業**と呼ばれた）を規定していた。この二つの流れが合流して現在の都市再開発に関する事業制度が生み出されている。

　都市計画法制定から新都市計画法制定までの間に整備された市街地整備に関連する法制度は**図 11.1**に示すとおりである。

　なお，1968 年（昭和 43 年）に新たな都市計画法が制定されたとき，市街地開発事業は一つの大きな柱と位置づけられ，現在は土地区画整理事業，新住宅市街地開発事業，工業団地造成事業，市街地再開発事業，新都市基盤整備事業，

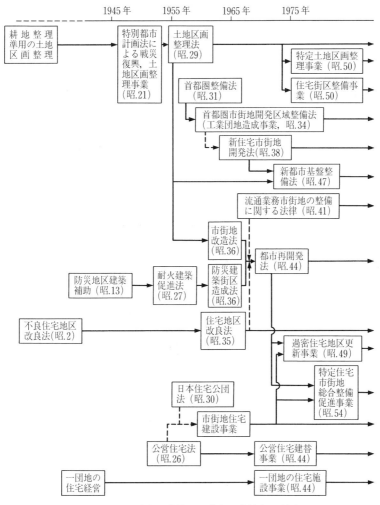

図11.1 市街地整備に関連する法制度の変遷

住宅街区整備事業，防災街区整備事業の七つの事業が都市計画法に位置づけられている。

　以下ここでは，この7種類の事業のうち，特に重要な土地区画整理事業と大規模な住宅新市街地を開発する手法である新住宅市街地開発事業，既成市街地の再開発を実現する市街地再開発事業を中心に解説する。

11.3.3　土地区画整理事業

〔**1**〕　**沿革**　土地区画整理事業はわが国の代表的な市街地整備事業である。現在の事業の根拠法である**土地区画整理法**は1954年（昭和29年）に制定されたものであるが，同法の制定前は耕地整理法を準用して事業が実施されており，その法的根拠としては旧都市計画法（1919年）にさかのぼることとなる。その後，関東大震災後の復興事業，第二次世界大戦後の復興事業に活用されて全国に展開され，現在，新市街地開発，再開発いずれの局面においても最も重要な事業手法として活用されている。

〔**2**〕　**基本的枠組み**　土地区画整理事業は「公共施設の整備と宅地の利用増進」を一体的に実現する事業であり，**図11.2**のような仕組みで構成されている。

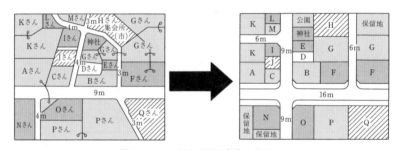

図11.2　土地区画整理事業の仕組み

わが国の場合，通常，受益が限定される公共施設の整備についてはその整備にかかわる用地と費用をその受益者が負担することが原則となっている。土地区画整理事業においてもこの原則に従って，整備に伴って新たに必要となる公共用地は事業地区内の権利者が公平な負担に基づいて出し合うことが基本とされている。また，整備に要する費用については事業後地区内に創設された土地（**保留地**と呼ばれる）を売却することによって賄うことを基本とし，この土地も公共施設用地同様に事業地区内の権利者が公平に出し合うこととなっている。こうした事業地区内の地権者による土地の提供，供出は**減歩**と呼ばれ，公共用地に当てるための減歩を公共減歩，事業費を賄うために創設される保留地

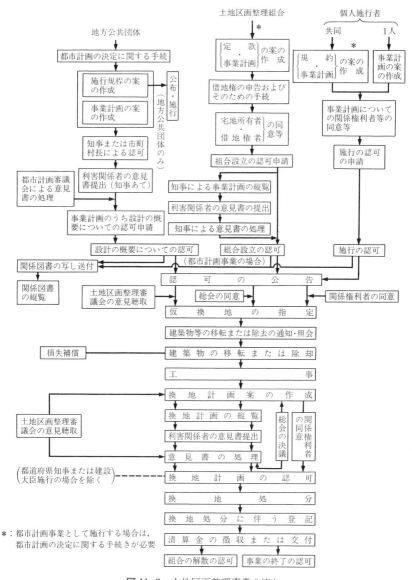

図11.3　土地区画整理事業の流れ

を生み出すための減歩を保留地減歩と称している。

　また，土地区画整理事業では地区内にあった宅地は基本的にはすべて計画的

に整備された公共施設を基礎にして新たな場所に使いやすい形で再配分される。つまり，整備後の市街地に適合するように不動産にかかわる権利を移動するわけであるが，こうした権利の移動は土地区画整理法に基づく**換地処分**という行政処分によって実施され，一般の土地の売買や譲渡などと異なり権利移動に伴う課税の問題などは一切生じない仕組みとなっているし，登記についても特例が定められている（こうした「土地に関する権利の移動の仕組み」や「新たに指定される土地」そのものを指して**換地**という用語が用いられる）。

　なお，土地区画整理事業は公共団体等が事業の施行者となる場合と地権者が組合などをつくって自ら事業に取り組む場合があり，前者の場合には土地区画整理事業の都市計画決定がなされた区域でなければ施行できないが，後者の場合にはそういった制限はなく，例えば組合の場合には地区内の権利者の 3 分の 2 の合意が得られれば事業に取り組めることとされている（実際，新市街地開発のような場合には権利者が自ら組合を形成して事業に取り組むことが多い）。

　また，事業執行に関する重要事項は権利者の総会（組合施行の場合）や代表が参加する区画整理審議会（公共団体等施行の場合）によって決定されることとなっており，その意味では「参加」による街づくりの手法ということができる。

　〔3〕　**事業の手続き・流れ**　　事業の流れは**図 11.3** に示すとおりである。

11.3.4　新住宅市街地開発事業

　〔1〕　**沿革**　　新住宅市街地開発事業は**新住宅市街地開発法**（1963 年）に基づいて実施される事業で，人口集中の著しい市街地の周辺において居住環境の良好な住宅地を大量に供給することを目的としている。手法は土地区画整理事業とは異なり，対象となる用地を施行者が全面買収し，造成整備の後，別の新たな宅地需要者に譲渡するものである（**全面買収方式**と呼ばれる）。

　また，全面買収となる用地取得のためには**土地収用権**も発動できるものとして構成されているところに大きな特徴がある。この法律が制定される背景には昭和 30 年代の高度成長を受けた宅地難があり，住宅宅地の不足を解消するために大都市圏を中心にニュータウンを整備する際に活用されている事業である。

　〔2〕　**基本的仕組み**　　本事業は先に示したように全面買収型の事業で，し

かも，そこに土地収用権も付与されているので，すべて都市計画に決定されてからでなければ実施することができない。また，事業主体も原則として公共団体や公社に限られ，例外的に大規模に土地を保有している信用のある法人が認められているにすぎない。

〔3〕　**事業の手続き・流れ**　　事業の手続きは**図11.4**に示すとおりである。

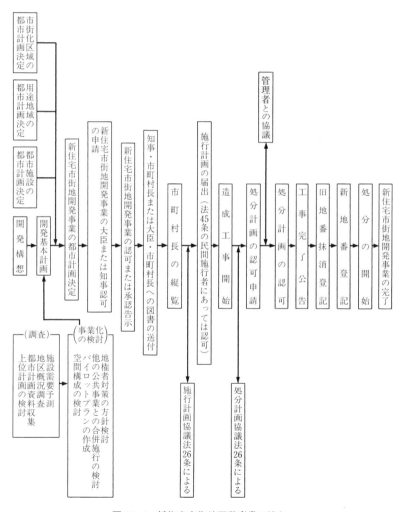

図11.4　新住宅市街地開発事業の流れ

11.3.5　市街地再開発事業

〔1〕　**沿革**　　市街地再開発事業は**都市再開発法**（1969年）に基づいて都市の再開発を目的に実施される事業である。先に市街地整備事業の流れで解説したように，この事業制度は土地区画整理事業の立体換地制度を活用した公共施設整備事業と建築物の不燃化を目指す不燃化事業の合流したところにあり，耐火建築物が少ない地区等において権利変換方式による耐火共同建築物を整備することを事業の特徴としている。

〔2〕　**基本的な仕組み**　　市街地再開発事業の基本的な仕組みは土地区画整理事業と対比して考えるとわかりやすい。すなわち，土地区画整理事業の場合（一部に立体換地制度が利用されている事例もあるが），基本としては事業前の土地の権利は事業後も土地として「換地」するのに対し，市街地再開発事業は事業前の土地建物などの権利を新たに建築する再開発建築物の土地の持分と床の一部として再配分（これを**権利変換**と呼ぶ）するものである（なお，この場合も土地区画整理事業と同様に課税の対象とされることはない）。また同時に土地区画整理事業の保留地に対応するように，事業後第3者に売却して資金を回収するための床（**保留床**と呼ばれる）を再開発建築物の中に用意する仕組みとなっている（**図11.5**）。

　事業の施行主体は土地区画整理事業同様，地区内の権利者が組合などをつく

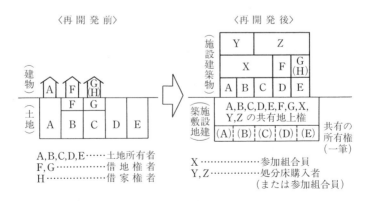

図11.5　市街地再開発事業の基本的仕組み

って実施主体となることもできるし，地方公共団体が実施主体となることもできる。ただし，土地区画整理事業の場合は個人施行，組合施行については都市計画の決定がなくても実施できるのに対し，市街地再開発事業では個人施行（地区内の権利者が同意に基づいて事業を進める方式）以外はすべて都市計画の決定が必要である。また，そもそも土地区画整理事業はどのような市街地でも実施可能であるが，市街地再開発事業を実施するにはその区域に不燃化建築物が少ないなどの要件が備わっていなければならないとされている。

〔3〕　**事業の手続き・流れ**　　施行者によって事業の手続きは若干異なるが，主要な流れは**図11.6**に示すとおりである。

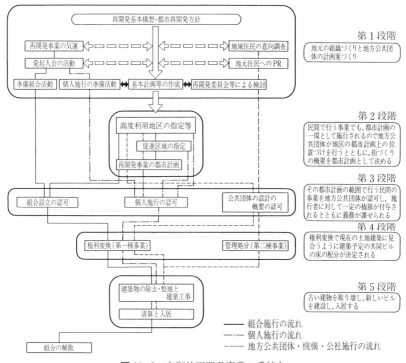

図11.6　市街地再開発事業の手続き

11.3.6 多 様 な 手 法

　都市計画法にうたわれている市街地開発事業としてはこれまで解説した3事業のほかに**工業団地造成事業**，**新都市基盤整備事業**，**住宅街区整備事業**，**防災街区整備事業**がある。工業団地造成事業は全面買収方式の工業団地開発，新都市基盤整備事業は収用権を背景にした部分的用地買収と区画整理の複合手法（実施例はない），住宅街区整備事業は大都市圏の住宅供給のために土地区画整理事業と市街地再開発事業を組み合わせた事業である。

　また，防災街区整備事業は，密集市街地の防災機能の確保と土地の合理的かつ健全な利用を図るため，従前の土地・建物を共同化による建築物の床へ権利変換すること（市街地再開発事業的手法）を基本としつつ，場合によっては，土地から土地への権利変換（土地区画整理事業的手法）も可能とする柔軟な手法を用いて，老朽化した建築物を除去し，防災機能を備えた建築物および公共施設の整備を行う事業である。

　こうした都市計画法に基づく事業以外にも市街地整備に関連ある法定事業としては，住宅地区改良法（1960年）に基づく住宅地区改良事業（地方公共団体が不良住宅の密集する地区で不良住宅を買収除却した後，改良住宅の建設や関連公共施設の整備を行う事業）等がある。

　また，近年はこうした「都市計画法に基づく市街地開発事業」「特別の法律に基づく法定事業」のほかに，国の要綱に基づいて実施されるさまざまな任意の事業が数多く生まれている。その多くは予算措置を中心にしたものであるが，従来市街地整備の事業の内容・範囲と考えられていなかったような新しい施設（地域活性化のための交流センターや情報関連施設等従来は市街地整備上公共施設と考えられていなかったもの，あるいは多目的広場や人工地盤といった新しい概念の公共施設等）の整備を含んでいるようなものも生まれてきている。

　また，共同建替えや住宅供給に資する民間の動きを誘導しようという制度も充実され，個人の建築活動を基礎に時間をかけて市街地を再開発・改善する方策についても配慮が払われるようになってきている。

第12章

防災・環境に関する計画と事業

12.1 都 市 防 災

わが国の都市はたびたび大きな地震や火災による被害を受け，その都度つくり直されてきた。したがって，防災あるいは不燃化が都市整備の大きな目標となってきた。

12.1.1 防災計画の考え方

風水害，地滑り，津波といった自然災害については，河川，砂防，港湾といった分野で施設ごとに個別に対応されていることが多く，都市防災の計画は地震への対応を中心にして構成されることが多い。しかも，関東大震災で火災による死者が多数に及んだこともあって，その計画は地震後に想定される火災などの2次災害から人々を守る**避難地**，**避難路**の整備，火災などの延焼を阻止する遮断機能の強化（不燃化とオープンスペースの確保）が中心となっている。つまり，基本的な考え方としては，被災後火事が発生した際には人々は安全な道（避難路）を利用して広い空閑地（避難地）に避難し，その場所で一定の時間安全に滞留することを想定としているのであり，したがって，「避難路」，「避難地」はたとえ周辺が燃えても炎や輻射熱で被害を受けない規模・構造を有すること，飛び火からも安全に身を守れることなどがその条件と考えられている。例えば，大都市地域および大規模地震発生の可能性が高い地域で定める都市防災構造化推進事業（後述）の計画においては，避難地は避難者1人当りの面積を $2\,\mathrm{m}^2$ 以上（やむをえない場合は $1\,\mathrm{m}^2$ 以上），面積はおおむね $25\,\mathrm{ha}$ 以上（や

むをえない場合は 10 ha 以上）を確保し，その周辺（例えば建築物の最低高さを
7 m とするときは避難地境界から 120 m の範囲）の耐震不燃化を図ること，避難
路は原則として 15 m 以上の道路（歩行者専用道路・自転車歩行者専用道路・
緑地・緑道にあっては 10 m 以上），避難路沿道の両側 30 m は耐震不燃化を図
り，その区域における建築物の高さの最低限度は 7 m とすることとしている。
また，避難の計画のほかに，火災が広域に広がらないために各所に**防災遮断帯**
を設けることも考えられており，東京都では道路・河川・鉄道・公園・沿線建
築物で奥行き 20 m 以上が不燃化された幅員 16 m 以上の都市計画道路を防災遮
断帯とすることを想定している。

12.1.2　防災に関する事業

地震・延焼火災対策は古くから消防対策・空地確保に関する対策（例えば江
戸時代の火避地等）として考えられてきたが，西欧文明の導入とともに建築技
術的な防火対策が加わり，1879 年（明治 12 年）の防火路線沿道の不燃化を規定

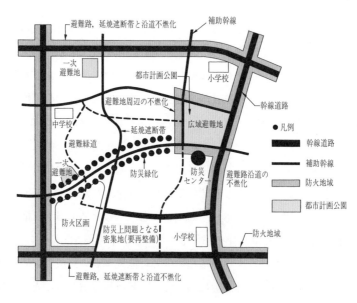

図 12.1　防災都市構造のイメージ

した屋上制限令の発布，旧都市計画法・市街地建築物法に規定された防火地区の指定などが実現した。また，1952 年（昭和 27 年）の耐火建築帯促進法に始まる「不燃建築を防火施設として積極的に生み出すための事業制度」も 1961年（昭和 36 年）の防災建築街区造成法を経て 1969 年（昭和 44 年）からは市街地再開発事業として現在に至っている。一方，周辺が不燃化された避難路・避難地などを積極的に創り出す事業としては 1980 年（昭和 55 年）から**都市防災不燃化促進事業**（不燃化促進地区での建築の不燃化に対する助成）が実施されていたが，1995 年（平成 7 年）に発生した阪神・淡路大震災の教訓を踏まえて，1997 年（平成 9 年）防災上特に危険な密集市街地における防災街区の整備の促進を図るための法律（密集市街地整備法，表 11.2 参照）が制定されるとと

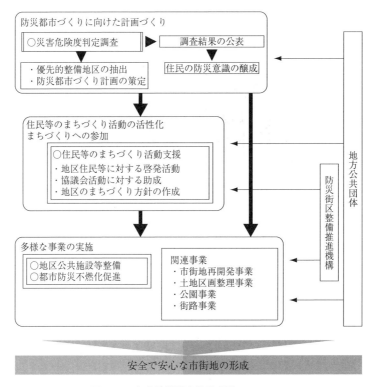

図 12.2　都市防災総合推進事業のスキーム

もに，市街地の災害危険度の評価，住民のまちづくり活動への支援，地区の防災向上に資する道路・公園の整備，建築物の不燃化などに総合的に取り組む**都市防災総合推進事業**が創設されている。

ここに，都市防災構造のイメージと推進事業を**図 12.1**，**図 12.2** に示す。

12.1.3　東日本大震災

2011 年（平成 23 年）3 月 11 日，14 時 46 分，東北地方太平洋沖でマグニチュード 9.0 の大きな地震が起き，その後，高い津波が太平洋沿岸部を襲った。津波による浸水は，青森県，岩手県，宮城県，福島県，茨城県および千葉県の 6 県 62 市町村で合計 528 km^2 に及び，死者・行方不明者は全体で 18 534 名（2013 年 11 月 26 日現在）に達した。リアス式海岸にあった漁村集落はもちろん，壊滅的ともいえる被害が出た中心市街地も多い（**図 12.3**）。

壊滅的な市街地（南三陸町）　　　　　引き波で倒れた防潮堤

図 12.3　東日本大震災による被害

被災した建物棟数は約 25 万棟，うち全壊は約 14 万棟で，浸水深と建物被災状況の全般的な傾向をみると，木造住宅は浸水深 2 m 前後で被災状況に大きな差が出ていた。また，この津波によって福島第一原子力発電所で大きな事故が起こり，周辺地域が放射線で汚染，多くの人々が避難を余儀なくされた。

この地域は 1896 年（明治 29 年），1933 年（昭和 8 年），1960 年（昭和 35 年）にも大きな津波に襲われていたが，今回の東日本大震災は地震の規模，津波の高さ・強さ，広域にわたる浸水・地盤沈下，人的・物的被害の甚大さなど，従来想定されていた災害のレベルを大きく上回るものであった。今回のこの経験

を踏まえて，100 年から 150 年に一度起きると考えられる津波（レベル 1 クラス）に対しては「防災」で，最大クラスの津波（レベル 2 クラス）に対しては被害の最小化を主眼とする「減災」で対応するという考え方が生まれ，復興計画もその考え方に基づき，海岸保全施設・高盛土道路等の施設で多重防御するハード対策と避難を中心とするソフト対策を組み合わせて実施されている。

なお，発災から 3 か月後の 2011 年（平成 23 年）6 月 24 日に東日本大震災復興基本法が公布・施行，そのほか，復興財源確保法，復興特別区域法，復興庁設置法等が制定され，財源，復興特区制度，政府の復興推進組織（復興庁）の設立が行われた。

市街地の復興を図るために，多くの都市で危険な地域から安全な高台地域への集団的移転を支援する防災集団移転促進事業と土地区画整理事業が活用されている。ただ，防災集団移転については移転先の団地造成を実現する法的な収用権がない。また，被災地のすみやかな復興には拠点となる市街地を早期に形成することも求められることから，収用権が付与された面的整備事業の検討が行われ，結果として 2011 年（平成 23 年）12 月に成立した「津波防災地域づくりに関する法律」において，新たに都市計画法に基づく都市施設として「一団地の津波防災拠点市街地形成施設」が追加されるとともに，予算制度としての津波復興拠点整備事業も創設された。

なお，具体的な復興計画の立案にあたっては，将来の津波被害を予測するシミュレーションが行われたが，想定津波浸水深がおおむね 2 m 未満の地域では「現地復興」，2 m を超える地域では「移転」による復興計画が増える傾向にある。

12.1.4 多様なリスクを意識した防災都市計画

12.1.1 項で示したように，わが国の防災都市計画は「火災」を主たる対象として発展してきた。1923 年（大正 12 年）9 月 1 日に発災した関東大震災地震では 10 万人を超える死者が出たが，その大半は焼死であった。この経験によって，その後「地震の後の大火災」を意識した近代防災都市計画が形づくられるようになる。

また，1995 年（平成 7 年）には神戸市を中心として直下型の大地震，阪神淡

路大震災が発災した。戦争のときに焼失しなかったがゆえに戦災復興土地区画整理事業区域に組み入れられなかった地域（JR新長田駅周辺や六甲道駅周辺）を中心に多くの建物が崩壊し，死者は約6 500人に及んだ。阪神高速道路が横倒しになるなど，構造物そのものの耐震性について大きな問題が提起され，震災後，こうした構造物の耐震基準の見直しが行われ，あわせて「防災都市づくり計画」の立案が推奨されたが，この計画では地震による建物倒壊や火災延焼被害を強く意識しており，結果的に老朽木造密集市街地に対する対策が中心となっていた。

　今回の東日本大震災では地震の特性・耐震基準改正後の補強などもあって建物が倒壊した例は比較的少なく，その後も火災で焼き尽くされたというより，「津波」による被害であった。死者数に比べて負傷者数がきわめて少ないことがその特徴を物語っている。従来の都市防災は必ずしもこうした「水」による被災を十分に想定し，対処していたとはいえない。近年，都市型集中豪雨が多発しており，内水を中心として都市の水災害が議論されてはいたが，ここまで大きな津波を想定して都市防災に取り組んでいた都市は多くない。各地で策定されている「地域防災計画」も地震・火災対策を中心に構成されていたことは否めない。今後は津波も含めて，多様な外力を想定した都市防災の取組みが求められるようになっている。

　実際，南海トラフ巨大地震をはじめとする海溝型地震が近い将来高い確率で発生する可能性があるといわれており，こうした状況を踏まえて，2013年（平成25年）5月，国土交通省は新たな防災まちづくりの指針「防災都市づくり計画策定指針」を提示した。そこではまず，多様なリスクを考えるという姿勢で取り組むこと，都市計画の目的として防災を明確に位置づけること，しっかりとしたリスク評価に基づいて都市づくりを行うこと，こうしたリスクを開示して自助・共助の力を地域に根付かせること，そして，リスクを事前に回避するよう先手を打った取組みを関係部局との連携のもとに進めることがうたわれている。今後，特に海岸部に位置する都市においては地震・火災とともに津波を意識した防災計画の立案が強く求められるようになったといえるであろう。

12.1.5 災害ハザードエリアにおける土地利用のあり方

　頻発化する自然災害に対応するため，これまでの施設による防御には限界があり，災害ハザードエリアにおける土地利用の規制誘導もこれまで以上に積極的に展開する必要がある。

　これまでの都市計画法施行令においては，市街化区域を設定する際，溢水，湛水，津波，高潮等による災害の発生のおそれのある土地の区域は含まないとされている。しかしながら，災害の発生のおそれがあるということを把握できるようになったのは近年であり，1993 年（平成 5 年）に「洪水ハザードマップの作成の推進」「洪水ハザードマップ作成要領」が通知され，2001 年（平成 13 年）に水防法が改正され浸水想定区域・浸水深の公表を位置づけ，2005 年（平成 17 年）の水防法改正でハザードマップの周知が義務化され，浸水リスクの見える化が図られた。浸水リスクの予測技術の進展により，土砂災害，液状化などの多様な災害リスクが見える化され，土地利用としての反映も可能となった。

　立地適正化計画策定において，災害リスクを踏まえ，当初は建築基準法に基づく災害危険区域は誘導区域に含めないとされ，その他の災害リスクは都市計画運用指針において，土砂災害特別危険区域や津波災害特別警戒区域などは原則として誘導区域に含まないこととすべきとされていた。また，土砂災害警戒区域や浸水想定区域などは総合的に勘案し居住誘導が適当でないと判断される場合，原則として誘導区域に含まないこととすべきとされていた。そのため，すでに市街地を形成しているということから，土砂災害特別危険区域が誘導区域に設定されているような状況も見られた。しかし，頻発・激甚化する自然災害からの被害を踏まえ，随時見直しが行われた。さらに，2020 年（令和 2 年）には災害ハザードエリアにおける開発抑制が講じられ，災害レッドゾーン（災害危険区域，土砂災害特別警戒区域，地すべり防止区域，急傾斜地崩壊危険区域）では，開発許可が原則禁止され，浸水ハザードエリア等においても住宅等の開発許可が厳格化され，安全・避難上の対策が許可の条件となった。立地適正化計画においても，防災を主流化し，災害レッドゾーンを居住誘導区域から原則除外すること，防災対策・安全確保を定める防災指針の作成を行うことと

された（**図12.4**）。災害リスク情報と都市計画情報を重ね合わせて分析を行い，将来都市像を示すこととなった。さらに，災害ハザードエリアからの移転を促進するための事業も整備された（防災集団移転促進事業の要件見直し）。

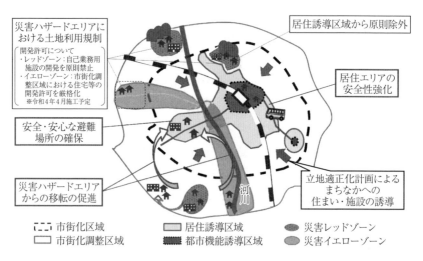

図12.4　防災・減災を主流化したコンパクトシティのイメージ（国土交通省：令和4年度都市局関係予算概算要求概要，p.5より作成）

　また，2018年（平成30年）7月豪雨や令和元年東日本台風，2020年（令和2年）7月豪雨など，頻発化する水災害の激甚化を踏まえ，2021年（令和3年）に特定都市河川浸水被害対策法等の一部を改正する法律（流域治水関連法）が制定され，防御施設といったハード整備に加え，流域全体を俯瞰しハード・ソフト両面から流域治水を推進し，「氾濫をできるだけ防ぐための対策」，「被害対象を減少させるための対策」，「被害の軽減，早期復旧・復興のための対策」を行うこととされた。

　以上のように，災害リスクを踏まえた都市計画，具体的には新規立地規制などの土地利用規制による安全な都市の構築が求められている。

12.2 都 市 環 境

12.2.1 都市環境問題の現状

　産業革命以降，工業の発達と生活環境の調和はつねに大きな都市問題であった。産業革命当時のイギリスの労働者が悲惨な生活を強いられていたこと，河川や大気の汚染，不衛生な都市環境のもとで都市住民の平均寿命はきわめて短いものであったことなどについては当時の数多くの文献で指摘されている。わが国においては 1960 年代から全国的に大規模装置型産業が展開され，経済の高度成長がもたらされたが，同時に都市の環境にも大きな問題をもたらすこととなった。いわゆる**公害**の深刻化である。もちろん，以前から環境に十分な配慮を払わない工業の進展が地域の人々や自然環境に大きな影響を及ぼすことは知られており，例えば足尾鉱毒事件などは大きな社会問題となっていたが，高度成長とともに産業の廃棄物による健康被害が続出し，大きな社会問題そして訴訟へと発展した（4 大公害訴訟）。

　こうした状況を受けて 1970 年（昭和 45 年）公害基本法が制定され，1971 年（昭和 46 年）環境庁が発足した。また，大気汚染防止法（1968 年），騒音規制法（1968 年），水質汚濁防止法（1970 年），悪臭防止法（1971 年），振動規制法（1976 年）等の個別公害規制法もこの時期に数多く制定されている。その後公害基本法は 1993 年（平成 5 年）に**環境基本法**へと発展し，現在はこの環境基本法が環境全般に関する基本理念や環境保全の施策などを取りまとめる基本法となっている。また，大規模な事業が環境に及ぼす影響について事前に評価し公表するアセスメントについては 1984 年（昭和 59 年）以降行政指導として実施されてきていたが，1997 年（平成 9 年）**環境影響評価法**が成立し，正式にその法手続き等が定められている。

　なお，こうした法体系の中で公害とは「事業活動その他の人の活動に伴って生ずる相当範囲にわたる大気の汚染，水質の汚染，土壌の汚染，騒音，振動，地盤の沈下および悪臭によって，人の健康または生活環境にかかわる被害が生ずることをいう」と規定されており，ここに記された七つの項目を指して**典型**

7公害と呼んでいる。こうした項目には**環境基準**が設定されており，環境基準を上回る汚染物質を排出したときは罪に問われることとなる。なお，公害の種類別苦情を見ると，件数では騒音に関するものが最も多い状況にあるものの，近年は典型7公害以外の苦情が増加する傾向にあり，日照や電波障害，自然環境や景観の破壊といった広い意味の環境問題が多く取り上げられるようになってきている。さらに世界的にはオゾン層の破壊や温暖化問題といった**地球環境**に関する問題等が重要視されるようになってきている。

　ここではこうした中から大気，水質，騒音について解説することとする。

〔1〕　**大気汚染**　　**表12.1**に示すように，大気汚染に関する環境基準は二酸化硫黄，一酸化炭素，二酸化窒素，浮遊粒子状物質，光化学オキシダントについて設定されており，全国的に見るとさまざまな対策の結果として改善のきざしが見受けられる。ただし，二酸化窒素については横ばいの状況であり，固定発生源の工場と移動発生源の自動車の改善は大きな課題であるといえる。

表12.1　大気汚染にかかわる環境基準

物　　質	内　　　容
二酸化硫黄	1時間値の1日平均値が0.04 ppm以下であり，かつ，1時間値が0.1 ppm以下であること
一酸化炭素	1時間値の1日平均値が10 ppm以下であり，かつ，1時間値の8時間平均値が20 ppm以下であること
二酸化窒素	1時間値の1日平均値が0.04 ppmから0.06 ppmまでのゾーン内またはそれ以下であること
浮遊粒子状物質	1時間値の1日平均値が0.1 mg/m³以下であり，かつ，1時間値が0.2 mg/m³以下であること
光化学オキシダント	1時間値が0.06 ppm以下であること

　適用地域：工業専用地域，車道その他一般公衆が通常生活していない地域または場所を除く全域。

〔2〕　**水質汚染**　　水質汚染にかかわる環境基準は，公共用水域全域に適用される人の健康の保護に関する基準（健康項目基準，**表12.2**）と水域類型別に設定された生活環境の保全に関する基準（生活項目基準）から構成されている。なお，水域別に水質を見ると，河川については改善の傾向にあるが，海域や湖沼の水質はなかなか改善されないという実態となっている。

（a） 人の健康の保護に関する環境基準（公共用水域全域に適用）

表 12.2　水質汚染に関する環境基準（健康項目）

物　　質	環境基準
カドミウム	0.003 mg/l 以下
全シアン	検出されないこと
鉛	0.01 mg/l 以下
六価クロム	0.05 mg/l 以下
ヒ素	0.01 mg/l 以下
総水銀	0.0005 mg/l 以下
アルキル水銀	検出されないこと
PCB	検出されないこと
ジクロロメタン	0.02 mg/l 以下
四塩化炭素	0.002 mg/l 以下
1,2 - ジクロロエタン	0.004 mg/l 以下
1,1 - ジクロロエチレン	0.1 mg/l 以下
シス - 1,2 - ジクロロエチレン	0.04 mg/l 以下
1,1,1 - トリクロロエタン	1 mg/l 以下
1,1,2 - トリクロロエタン	0.006 mg/l 以下
トリクロロエチレン	0.01 mg/l 以下
テトラクロロエチレン	0.01 mg/l 以下
1,3 - ジクロロプロペン	0.002 mg/l 以下
チウラム	0.006 mg/l 以下
シマジン	0.003 mg/l 以下
チオベンカルブ	0.02 mg/l 以下
ベンゼン	0.01 mg/l 以下
セレン	0.01 mg/l 以下
硝酸性窒素および亜硝酸性窒素	10 mg/l 以下
フッ素	0.8 mg/l 以下
ホウ素	1 mg/l 以下
1,4 - ジオキサン	0.05 mg/l 以下

（b） 生活環境の保全に関する環境基準（水域類型に応じて指定した公共用水域）

河川・湖沼・海域の水域類型ごとにpH，生物化学的酸素要求量（BOD），浮遊物質量（SS），溶存酸素量（DO），大腸菌群数，n-ヘキサン抽出物質（油分）等が設定されている。

〔3〕　**騒音**　騒音については一般的な基準（主として道路を意識）のほか，航空機騒音，新幹線騒音，特定建設作業騒音に関して基準が定められている。一般的な環境基準は**表 12.3**に示すように，道路に面する地域と面していない地域に区分して地域類型ごと・時間帯ごとに基準が設定されている。また，道

表 12.3　騒音に関する環境基準（道路など）

＜道路に面さない地域＞

地域の類型	基　準　値		該　当　地　域
	午前 6 時〜午後 10 時	午後 10 時〜午前 6 時	
AA	50 デシベル以下	40 デシベル以下	環境基準にかかわる水域および地域の指定権限の委任に関する政令（平成 5 年政令第 371 号）に基づき都道府県知事が地域の区分ごとに指定する地域
A および B	55 デシベル以下	45 デシベル以下	
C	60 デシベル以下	50 デシベル以下	

＜道路に面する地域＞

地 域 の 区 分	基　準　値	
	午前 6 時〜午後 10 時	午後 10 時〜午前 6 時
A 地域のうち 2 車線以上の車線を有する道路に面する地域	60 デシベル以下	55 デシベル以下
B 地域のうち 2 車線以上の車線を有する道路に面する地域および C 地域のうち車線を有する道路に面する地域	65 デシベル以下	60 デシベル以下

ただし，幹線交通を担う道路に近接する空間については下の特例値を用いる
午前 6 時〜午後 10 時　　70 デシベル以下
午後 10 時〜午前 6 時　　65 デシベル以下
注）1）AA を当てはめる地域は療養施設，社会福祉施設等が集合して設置される地域など特に静穏を要する地域とすること
　　2）A を当てはめる地域は専ら住居の用に供される地域とすること
　　3）B を当てはめる地域は主として住居の用に供される地域とすること
　　4）C を当てはめる地域は相当数の住居と併せて商業，工業等の用に供される地域とすること

路騒音については騒音規制法でも自動車騒音の限度（要請限度）が定められており，これを超える場合は都道府県知事が公安委員会に対策を要請できることとなっている。

　なお，環境基準の達成状況ははかばかしくなく，今後さらなる努力が求められているが，最近は生活騒音や深夜営業騒音等に対する苦情が増える傾向にある。

12.2.2　環境アセスメント

　環境問題の激化とともに事前に環境への影響を判断する環境アセスメントへの期待が高まっていった。従来大規模な公共事業については，それぞれの事業主体あるいは地方公共団体が独自に設定した手続きに基づいてアセスメントを実施していたが，環境影響評価法の制定後は法に従って実施されることとなった。なお，都市計画事業でアセスメント対象となる規模を有するものは都市計

画決定の時期に都市計画決定権者が実施することとなっている。

〔1〕 **対象事業** アセスメントの対象事業は**表12.4**に示すように規模が大きく環境影響の程度が著しいものとなる恐れがあるもの（第一種事業）とこれに準ずるもの（第二種事業）のうち，**スクリーニング手続き**（許認可権者が知事の意見を聞いて判断する）によって必要と判断された事業である。

〔2〕 **手続き** 事業主体（都市計画の場合は都市計画決定権者）はできる

表12.4 対象事業一覧

	第 一 種 事 業
1 道 路	
高速自動車国道	すべて
首都高速道路等	4車線以上のもの
一般国道	4車線以上・10 km以上
林道	幅員 6.5 m以上・20 km以上
2 河 川	
ダ ム，堰	湛水面積　　　　100 ha以上
放水路，湖沼開発	土地改変面積　　100 ha以上
3 鉄 道	
新幹線鉄道	すべて
鉄道，軌道	長さ10 km以上
4 飛行場	滑走路長2 500 m以上
5 発電所	
水力発電所	出力3万kW以上
火力発電所	出力15万kW以上
地熱発電所	出力1万kW以上
原子力発電所	すべて
風力発電所	出力1万kW以上
6 廃棄物最終処分場	面積30 ha以上
7 埋立ておよび干拓	面積50 ha以上
8 土地区画整理事業	面積100 ha以上
9 新住宅市街地開発事業	面積100 ha以上
10 工業団地造成事業	面積100 ha以上
11 新都市基盤整備事業	面積100 ha以上
12 流通業務団地造成事業	面積100 ha以上
13 宅地の造成の事業	面積100 ha以上
○ 港湾計画	埋立て・堀込み面積合計300 ha以上

限り早い時期から環境配慮を行うとともに的確な環境影響評価を行うため，まずスコーピング手続き（影響評価実施の前に調査などに対する情報を方法書として取りまとめ，関係公共団体，住民などに公表して意見を聞く）を実施する。ついで選定された方法に従って，当該事業が環境に与える影響の予測・評価を行うとともに環境保全の対策等を検討し，こうした結果を併せて示した「環境影響評価準備書」を作成する。事業主体はこの準備書を縦覧して，広く住民等からの意見を受けとめるとともに，許認可権者等の意見も聴取して最終的な**環境影響評価書**を作成する。図 **12.5** に環境影響評価の一般的フローを示す。

　なお，都市計画としてアセスメントを実施する際には，都市計画案の公告縦

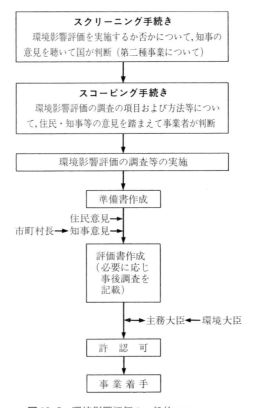

図 12.5　環境影響評価の一般的フロー

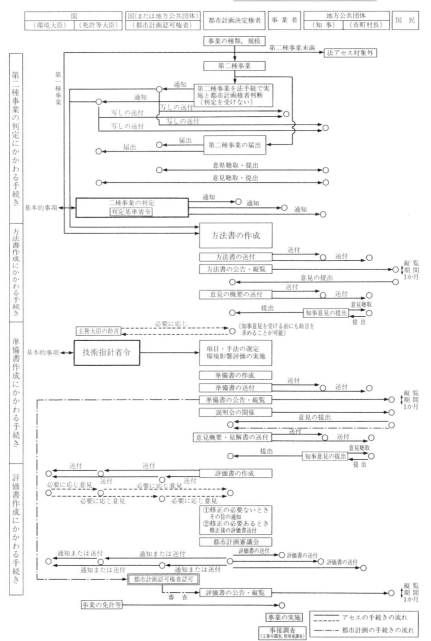

図 12.6　都市計画とアセスメントの手続き

覧・意見書の提出という手続きと類似したアセスメントとしての手続きを踏むこととなるので，両者を併せて実施（例えば縦覧期間はアセスメントに合わせて1か月とする等）し，評価書も都市計画審議会に付議することとされている（図12.6）。

12.2.3　都　市　景　観

　環境に対する意識が高まるにつれ，都市景観に関する問題も大きく取り上げられるようになってきた。この都市景観問題については，従来から都市計画法の地域地区の一つとして「美観地区」が用意されていたことからわかるように問題意識はあったものの，実際には必ずしも十分に実践に移されなかった。しかし，近年，景観をめぐる係争も増加し，地方自治体独自の取組み，条例の制定がさまざまに進められるようになった結果，2004年（平成16年）わが国初めての景観に関する基本法「景観法」が制定された。この景観法では，「良好な景観は国民共通の資産」であるという立場から，国・地方自治体・事業者・住民の責務を明確にするとともに，屋外広告物法や都市緑地法などと一体となって良好な景観の保全と創造を実現することを狙っている。

　具体的には，景観行政団体（原則は市町村だが，小規模な市町村は都道府県との協議・同意が必要）が景観計画（良好な景観の形成に関する計画で，その内容については住民やNPOによる提案も可能となっている）を立案する区域（「景観計画区域」と呼ばれ，都市計画区域を越えて指定することも可能）を定め，景観計画を立案して建築物の建築等に対する届出・勧告を基本とする緩やかな規制誘導を行うとともに，条例を制定すれば建築物・工作物のデザイン・色彩について変更命令を行うことができることとなっている。また，より積極的に景観形成を図る地区（「景観地区」と呼ばれるが，都市計画区域外については「準景観地区」と呼ばれる）を指定して建築物や工作物の高さ，敷地面積，デザイン，色彩について総合的に規制することができるようになった。さらに，景観重要公共施設，景観重要建造物，景観重要樹木の指定や景観協議会，景観整備機構，景観協定といった制度も創設され，自治体のさまざまな工夫によって良好な都市景観の形成が期待されることとなった（図12.7）。

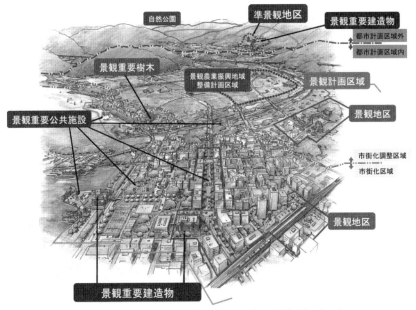

図 **12.7**　景観法の対象地域のイメージ（出典：国土交通省景観法の概要，http://www.
mlit.go.jp/crd/townscape/keikan/pdf/keikanhou-gaiyou 050901 .pdf）

　なお，良好な都市景観を具体的に形成していくアプローチとしては，大きく
区分して「公共空間で良好な空間デザインを実現する方法」と「民有地空間の
個々のデザインをよりうまく集合させることでさらに良くなるようにする方
法」の二つが考えられる。前者は公共空間の設計論にたどり着き，後者は地区
計画や協定など，より詳細な都市空間の約束事づくりに結びつくが，この二つ
の方法が総合化されていないと結果的に，ちぐはぐな印象を与えることになっ
てしまう。つねに都市全体をどのように構成するか，何を大切にした空間づく
りを目指すかといった大きな視点でバランスを意識しながら，そして個々には
ディテール（詳細部）にも十分な配慮を施した都市空間を生み出す努力が求め
られている。個別空間相互の組合せやさまざまな主体の参加・協力を大切にす
るデザインセンスが求められている。

　また，2008 年（平成 20 年）には，地域における歴史的風致の維持及び向上に
関する法律（通称：歴史まちづくり法）が制定され，歴史上価値の高い建造物

とそこでのお祭り，工芸品の製造など人々の生活をあわせた活動の維持と向上を図ることが可能となった。わが国は，城や寺社仏閣など歴史的に価値の高い建造物や商家，武家屋敷などが面的に広がっており，歴史まちづくり法制定以前から，伝統的建造物群保存地区や歴史的みちづくり（歴史的地区環境整備街路事業）など，歴史を生かした空間づくりが行われてきた。歴史まちづくり法は，従来の歴史的価値の高い空間の維持と形成に加えて，地域固有の歴史と伝統を反映した人々の営みといったソフトについての向上と持続性を可能にした（図 **12.8**）。

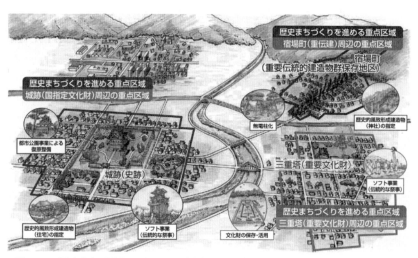

図 **12.8**　歴史まちづくりのイメージ（出典：国土交通省歴史まちづくり，http://www.mlit.go.jp/common/ 000990320 .pdf）

第 13 章

全国総合開発計画

　明治に入って新しい国家体制が確立するにつれ，北海道の開拓など，国家の計画的意図を受けた地域開発が散発的に展開され，同時に日清，日露の戦争を経て，中国大陸などを対象にした植民地地域の開発が企画実施されてきた。そして，第二次世界大戦終了後は国土の復興，経済の再建のために電力開発等を柱にした地域開発の展開が見受けられたが，1950年（昭和25年）**国土総合開発法**が制定されて全国規模の総合開発計画は本格的な段階を迎えることとなる。

　以下本章では同法に基づいて決定され，順次改定されてきた全国総合開発計画の考え方，そして新しい動きを紹介する。

13.1　全国総合開発計画

　国土総合開発法が制定された1950年（昭和25年）段階では，わが国はまだ戦後経済の復興そのものに取り組んでいた。実際，戦災復興計画をGHQの指示により大幅に縮小したのは1949年（昭和24年）であり，経済の状況も1950年（昭和25年）に入って勃発した朝鮮戦争の特需によってようやく将来の発展の基礎が生み出される段階でしかなかったのである。そのため，具体的に全国の総合開発計画が立案されたのは1962年（昭和37年）のことであった。この全国総合開発計画（以下，「1全総」と呼ぶ）は当時の池田内閣がうたった**所得倍増計画**を受けたもので工業振興の拠点を形成することをねらいとする一方で，経済の高度成長が始まりつつあった状況のもと，東京や大阪といった大都

市の過密問題の解消と地域格差の防止を図ることをそのねらいとした。

　なお，工業拠点の開発については**図13.1**に示すように，**新産業都市**（1962年の新産業都市建設促進法に基づき，富山高岡，岡山県南等15地域が指定された）や**工業整備特別地域**（1964年の工業整備特別整備促進法に基づき茨城県鹿島，東駿河湾等6地域が指定された）といった地域指定が行われ，こうした拠点で先行的な公共投資による産業基盤施設の整備が行われ，おもに臨海型の大型装置産業が展開していくこととなった（これら公共投資に関する地元負担の軽減策も講じられていた）。

図13.1　新産業都市と工業整備特別地域

13.2 新全国総合開発計画

1全総が決定されてから7年を経て，1969年（昭和44年）新全国総合開発計画（以下，「2全総」と呼ぶ）が策定された。この2全総では開発可能性の全国展開をうたい，高速交通体系による全国の一体化が大きく取り上げられその後の新幹線網や高速道路網体系につながっていくこととなる（図13.2，図13.3）。

―― その年次で開通している新幹線
---- 国鉄構想

1975年

1985年

図13.2 高速鉄道網体系計画

13.3 第3次全国総合開発計画

1全総，2全総を経てわが国の経済は他の国に類を見ない高度成長を達成した。しかし一方で公害問題の深刻化など大きな課題を抱えるようになった。また，世界の体制は東西の冷戦構造がますます厳しいものとなっていた。こうした中，1974年（昭和49年）中東においてイランとイラクの戦闘が始まり，一気

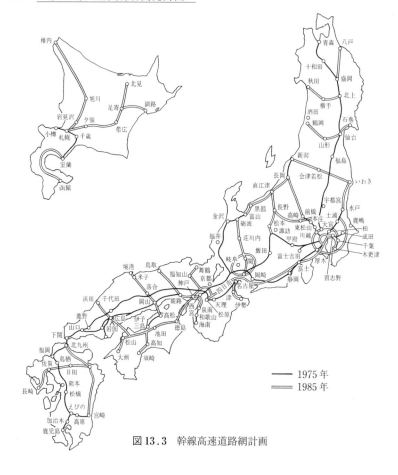

図 13.3　幹線高速道路網計画

に国際的緊張感が高まり，中東諸国はすでにエネルギー資源の中心となっていた石油を世界戦略の武器として活用するようになり，原油価格は急騰した。この結果，石油を原料とした加工貿易を中心にしていたわが国は大きな痛手を受け，1974 年度（昭和 49 年度）戦後初めてのマイナス成長を経験することとなった。こうして高度成長から安定成長への転換がうたわれ，全国総合開発計画も**定住構想**を中心に据えた第 3 次全国総合開発計画（以下，「3 全総」と呼ぶ）が策定される。この 3 全総では河川流域を中心として全国に 200～300 の定住圏を設定することとしており，安定成長期の国土のあり方がうたわれていた。

13.4　第4次全国総合開発計画

　第4次計画は1987年（昭和62年）に決定されたもので目標年次はおおむね2000年，東京の一極集中問題への対応を意識して「多極多圏域型の国土構造」をその基本目標に掲げている。開発方式は「交流ネットワーク方式」と呼ばれ，「全国の主要な都市を3時間で結ぶ」，「地方都市から1時間で複数の高速交通機関でアクセスできるようにする」など，全国1日交通圏を実現する交流の基盤を整備しながら，一方で各都市はその個性を磨き，結果として交流に基づく地域の活性化を図ろうという構想であった。

13.5　第5次全国総合開発計画（21世紀の国土のグランドデザイン）

　第5次計画は「21世紀の国土のグランドデザイン — 地域の自立の促進と美しい国土の創造 —」と題して1998年（平成10年）に閣議決定された。本計画は地球時代，人口減少・高齢化時代，高度情報化時代の到来など大きな時代の転換期を意識して策定されたもので，21世紀を展望する国土の長期構想として現在の一極一軸型の国土構造を四つの新しい国土軸に転換すること（多軸型国土構造への転換）をうたっている。なお，具体的な目標年次は2010〜2015年，開発方式としては「参加と連携 — 多様な主体の参加と地域連携による国土づくり —」をキーワードに，中小都市と農山村が連携して自立圏域を形成する「多自然居住地域の創造」，大都市を修復・更新する「大都市のリノベーション（更新）」，都道府県境を越えるなど広域的な連携を図る「地域連携軸の展開」，大都市に依存しない自立的な国際交流活動を可能とする「広域国際交流圏の形成」という四つの戦略を掲げている。

　表13.1に全国総合開発計画のまとめを示す。

表13.1　全国総合開発計画（概要）のまとめ

	全国総合開発計画 （1全総）	新全国総合開発計画 （新全総）	第3次全国総合開発計画（3全総）	第4次全国総合開発計画（4全総）	第5次全国総合開発計画 （21世紀の国土のグランドデザイン）
閣議決定	昭和37年10月5日	昭和44年5月30日	昭和52年11月4日	昭和62年6月30日	平成10年3月31日
策定時の内閣	池田内閣	佐藤内閣	福田内閣	中曽根内閣	橋本内閣
背　　　景	1.高度成長経済への移行 2.過大都市問題，所得格差の拡大 3.所得倍増計画（太平洋ベルト地帯構想）	1.高度成長経済 2.人口，産業の大都市集中 3.情報化，国際化，技術革新の進展	1.安定成長経済 2.人口，産業の地方分散の兆し 3.国土資源，エネルギー等の有限性の顕在化	1.人口，諸機能の東京一極集中 2.産業構造の急速な変化等により，地方圏での雇用問題の深刻化 3.本格的国際化の進展	1.地球時代 （地球環境問題，大競争，アジア諸国との交流） 2.人口減少・高齢化時代 3.高度情報化時代
長期構想	—	—	—	—	「21世紀の国土のグランドデザイン」 一極一軸型から多軸型国土構造へ
目標年次	昭和45年	昭和60年	昭和52年からおおむね10年間	おおむね平成12年（2000年）	平成22年から27年（2010〜2015）
基本目標	〈地域間の均衡ある発展〉 都市の過大化による生産面・生活面の諸問題，地域による生産性の格差について，国民経済的視点からの総合的解決を図る	〈豊かな環境の創造〉 基本的課題を調和しつつ，高福祉社会を目指して，人間のための豊かな環境を創造する	〈人間居住の総合的環境の整備〉 限られた国土資源を前提として，地域特性を生かしつつ，歴史的，伝統的文化に根ざし，人間と自然との調和のとれた安定感のある健康で文化的な人間居住の総合的環境を計画的に整備する	〈多極多圏域型の国土の構築〉 安全でうるおいのある国土の上に，特色ある機能を有する多くの極が成立し，特定の地域への人口や経済機能，行政機能等諸機能の過度の集中がなく地域間，国際間で相互に補完し，触発し合いながら交流している国土を形成する	〈多軸型国土構造形成の基礎づくり〉 多軸型国土構造の形成を目指す「21世紀の国土のグランドデザイン」実現の基礎を築く 地域の選択と責任に基づく地域づくりの重視
基本的課題	1.都市の過大化防止と地域格差の是正 2.自然資源の有効利用 3.資本，労働，技術等の諸資源の適切な地域配分	1.長期にわたる人間と自然との調和，自然の恒久的保護，保存 2.開発の基礎条件整備による開発可能性の全国土への拡大均衡化 3.地域特性を生かした開発整備による国土利用の再編成と効率化 4.安全，快適，文化的な環境条件の整備保全	1.居住環境の総合的整備 2.国土の保全と利用 3.経済社会の新しい変化への対応	1.定住と交流による地域の活性化 2.国際化と世界都市機能の再編成 3.安全で質の高い国土環境の整備	1.自立の促進と誇りの持てる地域の創造 2.国土の安全と暮らしの安心の確保 3.恵み豊かな自然の享受と継承 4.活力ある経済社会の構築 5.世界に開かれた国土の形成
開発方式等	〈拠点開発構想〉 目標達成のため工業の分散を図ることが必要であり，東京等の既成大集積と関連させつつ開発拠点を配置し，交通通信施設により相互に影響させると同時に，周辺地域の特性を生かしながら連鎖反応的に開発を進め，地域間の均衡ある発展を実現する	〈大規模プロジェクト構想〉 新幹線，高速道路等のネットワークを整備し，大規模プロジェクトを推進することにより，国土利用の偏在を是正し，過密過疎，地域格差を解消する	〈定住構想〉 大都市への人口と産業の集中を抑制する一方，地方を振興し，過密過疎問題に対処しながら，全国土の利用の均衡を図りつつ人間居住の総合的環境の形成を図る	〈交流ネットワーク構想〉 多極分散型国土を構築するため，①地域の特性を生かしつつ，創意と工夫により地域整備を推進，②基幹的交通，情報・通信体系の整備を自らあるいは指針の先導的な役割に基づき全国にわたって推進，③多様な交流の機会を国，地方，民間諸団体の連携により形成	〈参加と連携〉 —多様な主体の参加と地域連携による国土づくり— （四つの戦略） 1.多自然居住地域（小都市，農山漁村，中山間地域等）の創造 2.大都市のリノベーション（大都市空間の修復，更新，有効活用） 3.地域連携軸（軸状に連なる地域連携のまとまり）の展開 4.広域国際交流圏（世界的な交流機能を有する圏域）の形成
投資規模		昭和41年から昭和60年約130〜170兆円累積政府固定形成（昭和40年価格）	昭和51年から昭和65年約370兆円累積政府固定資本形成（昭和50年価格）	昭和61年から平成12年度1000兆円程度公，民による累積国土基盤投資（昭和55年価格）	投資総額を示さず，投資の重点化，効率化の方向を示す

13.6 国土形成計画

第5次全国総合開発計画（21世紀の国土のグランドデザイン）が策定される過程において，国と地方の役割分担，地方分権の推進が議論され，2005年（平成17年），国土総合開発法は全面的に改正されて新たに**国土形成計画法**として公布された。この法律改正では，法の名称から「開発」という言葉をはずしたことに象徴されるように，成熟社会型の新しい国土計画の実現を狙っており，国土の利用，整備および保全を推進するための総合的かつ基本的な計画は「国土形成計画」と呼ばれるようになった。この国土形成計画は，全国計画と広域地方計画で構成され，全国計画は国土の形成に関する施策の指針となるもので，基本的な方針，目標，全国的な見地から必要とされる基本的な施策を示し，広域地方計画は複数の都道府県を束ねた広域地方圏に係わる計画で，都道府県や地元経済界等と広域地方計画協議会を組織して策定するものとされている。なお，この新しい国土形成計画では，地方自治体からの計画提案制度も用意されている。

2008年（平成20年）に国土形成計画（**全国計画**）が閣議決定され，計画期間は21世紀前半を展望しつつ，おおむね10年間，全国計画の基本的な方針として，新しい国土像が据えられた。多様な広域ブロックが自立的に発展する国土を構築するとともに，美しく，暮らしやすい国土の形成を図るとされた。2009年（平成21年）には，広域地方計画協議会の協議を経て八つの広域ブロックごとに国土形成計画（**広域地方計画**）が国土交通大臣により決定された。

その後，2010年（平成22年）をピークに人口減少に転じ本格的な人口減少社会に突入し，2011年（平成23年）には東日本大震災が発生し，さらに，南海トラフ巨大地震など高い確率での発生の予見などを踏まえ，2015年（平成27年）に新たな国土形成計画（全国計画）が閣議決定され，国土の基本構想として「対流促進型国土の形成」が据えられ，「個性」と「連携」による「対流」を促進し，イノベーションを起こし，経済成長を支えることが掲げられた。国土・地域構造として重層的かつ強靭な「コンパクト＋ネットワーク」が示され，

生活に必要な各機能を一定の地域にコンパクトに集約し，各地域をネットワークで結び，圏域の人口の維持と必要な機能を維持することとされた（**図13.4**，**図13.5**）。

具体的方向性については，「ローカルに輝く，グローバルに羽ばたく国土」，

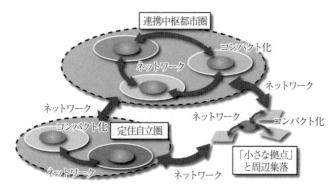

※集落地域においては居住機能の集約までを本来的な目的とはしない

図13.4 重層的かつ強靭な「コンパクト＋ネットワーク」のイメージ（国土交通省国土政策局：国土形成計画（全国計画）リーフレットより作成）

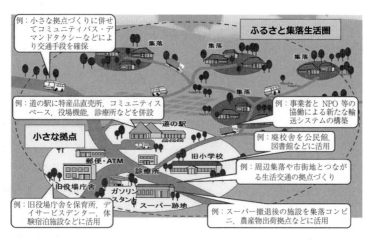

図13.5 小さな拠点のイメージ（国土交通省：令和4年度国土政策局関係予算概算要求概要，p.10より作成）

「安心・安全と経済成長を支える国土の管理と国土基盤」,「国土づくりを支える参加と連携」が示され，本格的な人口減少社会に初めて正面から取り組み，地域の個性を重視し地方創生を実現していく。また，**小さな拠点**など地域の将来像を示し個性ある地方の創生を図っていく。全国レベルでは，2010 年（平成22 年）をピークに人口減少に転じているが，東京圏の人口は引き続き増加しており，ICT の活用等により一極集中に対する是正を図ると同時に，国際都市として国際競争力をさらに向上させ，グローバルに羽ばたく都市として重要な役割を果たしていく。また，日本海・太平洋 2 面活用型の国土の形成や，リニア中央新幹線による「スーパー・メガリージョン」の形成の構想づくりなどグローバルな活躍の拡大の方向性が示された。2016 年（平成 28 年）には，全国計画を受け新たな広域地方計画も大臣決定された。

第14章

大都市圏計画・地方圏計画

14.1 大都市圏の計画の変遷

　わが国の大都市圏計画は**表14.1**に示すように，**首都圏整備計画**，**近畿圏整備計画**，**中部圏開発整備計画**の3種類で構成されている。それぞれ首都圏整備法，近畿圏整備法，中部圏整備法に基づいて大都市の都市圏域を対象とした地域計画として複数の都道府県にまたがる形で立案されている。いずれもおおむね10年に一度見直しが行われているが，首都圏整備計画が最も大きく変化してきているのでここでは以下，首都圏を例にその考え方，内容の変化を紹介する。

　首都圏計画については1950年（昭和25年）首都建設法が制定され，総理府の外局，行政委員会として首都建設委員会（委員長建設大臣）が発足，同委員会が1955年（昭和30年）に構想素案として発表した計画がその端緒となっている。当時，計画対象範囲は東京約50 km圏であったが，その後**首都圏整備法**が1956年（昭和31年）制定，同法に基づく第1次計画が1958年（昭和33年）に立案され，その段階では山梨県，北関東3県の一部を含んだ東京約100 kmの範囲が計画対象とされた（**図14.1**）。首都圏計画の大きな課題は東京圏における人口・産業の集中抑制であり，第1次案では1944年（昭和19年）に立案されたロンドン大都市圏の計画である**Greater London Plan**の影響も受けて，首都圏を「既成市街地」（東京区部，三鷹，武蔵野，横浜，川崎，川口の一部，都心から16〜20 km圏），「近郊地帯」（既成市街地の外周5〜10 km），「周辺地域」の三つに区分している。この結果，**既成市街地**では人口集中の抑制を考慮して

表 14.1 大都市圏整備計画の体系

	首 都 圏	近 畿 圏	中 部 圏
基本計画等	首都圏基本計画 　（趣旨）人口規模，土地利用，その他整備計画の基本的事項を定める ○内閣総理大臣決定 　（1986.6.5） ○計画期間 　おおむね 15 か年	近畿圏基本整備計画 　（趣旨）基本方針，根幹的施設の整備に関する事項を定める ○内閣総理大臣決定 　（1988.2.1） ○計画期間 　おおむね 15 か年	中部圏基本開発整備計画 　（趣旨）基本方針，根幹的施設の整備に関する事項を定める ○内閣総理大臣決定 　（1988.7.25） ○計画期間おおむね 15 か年
整備計画等	整備計画 ●既成市街地 　　　　　●近郊整備地帯 　　　　　●都市開発区域	建設計画 ●近郊整備区域 　　　　　●都市開発区域	建設計画 ●都市整備区域 　　　　　●都市開発区域
事業計画	事業計画 　（趣旨）整備計画実施のため必要な毎年度の事業を定める ○内閣総理大臣決定	事業計画 　（趣旨）基本整備計画の実施のため必要な毎年度の事業を定める ○内閣総理大臣決定	事業計画 　（趣旨）基本開発整備計画の実施のため必要な毎年度の事業を定める ○内閣総理大臣決定
保全区域整備計画等	近郊緑地保全計画 　（趣旨）近郊緑地保全に関する事項，施設整備に関する事項，近郊緑地特別保全地区の指定基準に関する事項等を定める ○内閣総理大臣決定（1967年から 1977 年にかけ，区域指定に合わせて策定）	保全区域整備計画 　（趣旨）基本構想，土地利用に関する事項，施設整備に関する事項等を定める ○知事作成，内閣総理大臣承認（1982.9.28）	保全区域整備計画 　（趣旨）基本構想，土地利用に関する事項，施設整備に関する事項等を定める ○知事作成，内閣総理大臣承認（1982.9.28）

大規模工場，大学などの新設，増設を原則として禁止することとなり，1959 年（昭和 34 年）「首都圏の既成市街地における工場等の制限に関する法律」が制定された（その後，2002 年に廃止）。また「近郊地帯」は既成市街地の無秩序な膨張を抑制する目的を持った緑地帯として位置づけられ，人口や産業の集中はその外側「周辺地域」の中で「市街地開発区域」を指定して，その地域で都市整備を行い，人口と産業を受け止めようという計画案であった。

　当時，東京区部においても戦災復興に伴う特別都市計画法に基づいて決定されていた**緑地地域**（当初は区部面積の 32％に相当する地域）が縮小されながらも存続しており，これに接する形で緑地帯としての近郊地帯が設定されたので

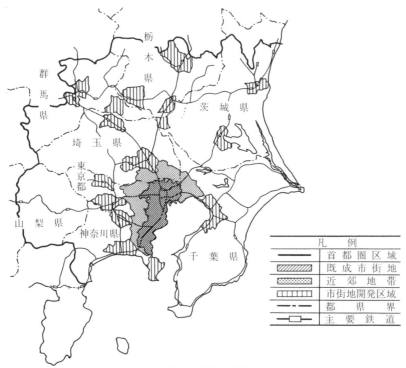

凡　　例
——	首 都 圏 区 域
/////	既 成 市 街 地
∷∷∷	近 郊 地 帯
‖‖‖	市街地開発区域
– · –	都　県　界
—□—	主 要 鉄 道

図 14.1　第 1 次首都圏整備基本計画

あるが，こうした地域に対する具体的な規制については十分な措置をとること
ができず，結果として「近郊地帯」は 1965 年（昭和 40 年）第 2 次計画の段階
では無秩序な市街化を防止するため一体的に計画整備する地域「近郊整備地帯」
に変貌することとなった（**図 14.2**）。また，環状緑地帯の構想は一部「首都圏近
郊緑地保全区域」としてくさび状に残ることとなった。「周辺地域」について
は「市街地開発区域」が指定され，特に国道 16 号沿いの指定区域においては
工場などの移転が促進され，人口も 1963 年（昭和 38 年）までに 30〜50 km 圏域
で大幅に増加した。しかし，それ以遠では人口減少の傾向が続いたため，第 2
次計画においては 50 km 圏域までが**近郊整備地帯**となり，それ以遠の「市街地
開発区域」は**都市開発区域**に名称が変更されている。

　1974 年（昭和 49 年）には**国土利用計画法**が制定され国土庁が発足し，大都市

図 14.2 第 2 次首都圏整備基本計画

圏の計画行政は国土庁に移管されることとなり（首都圏整備委員会は廃止），
1976 年（昭和 51 年）第 3 次首都圏整備計画の改定が行われた（国土庁はその
後 2001 年に国土交通省に再編された）。この改定では，従来の「既成市街地」
と「近郊整備地帯」を合わせて「東京大都市地域」として考えたうえで，周辺
部の横浜，立川，千葉等を核都市と位置づけ広域多核都市複合帯として整備す
ることを提案している。

　その後 1977 年（昭和 52 年）に定住構想を軸にした第 3 次全国総合開発計画
が発表され，首都機能の移転の話題が取り上げられ，1984 年（昭和 59 年）には
国土庁が首都改造構想を発表。一極集中構造から多核多圏域型の地域構造への

移行が大きな話題となり，1986 年（昭和 61 年）**業務核都市**の育成による多極多圏域型の連合都市圏構造を目標とする第 4 次基本計画が策定されている（**図14.3**）。**表 14.2** に第 1 次から第 5 次までの首都圏基本計画のまとめを示す。

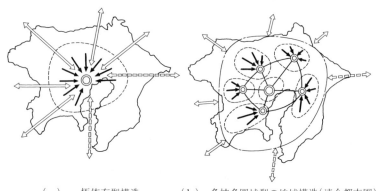

（ a ）　一極依存型構造　　　（ b ）　多核多圏域型の地域構造（連合都市圏）

図 14.3　多極多圏域型の東京大都市圏構造

また，1999 年（平成 11 年）には価値観の多様化，少子高齢化，情報化，国際化，環境の重視等，社会が大きく変化しつつあることを意識して新たに第 5 次基本計画が策定された。この計画は平成 27 年度（2015 年）までを計画期間とし，首都圏の果たすべき役割として以下の四つを掲げている。

① 国際的競争力を維持し，わが国の活力創出に資する地域の形成

② 国内外にわたる，多用な活動の連携を支援する地域の形成

③ 自然の循環を重視した，環境共生型の地域構造や生活様式の創出

④ 4 000 万人の暮らしを支える，安全で快適な生活の場の形成

なお，空間構造としては，首都圏内外との広域的な連携の拠点となる「広域連携拠点」と地域における諸活動の中心となる「地域の拠点」を育成・整備した上で，それら拠点的な都市を中心に形成した自立性の高い地域相互の機能分担と連携・交流を行う「分散型ネットワーク構造」を提唱しており，具体的には東京都市圏で「環状拠点都市群」を，関東北部・東部，内陸西部地域で「首都圏における大環状連携軸」を形成することを目指している（**図 14.4**）。

表14.2 首都圏基本計画のまとめ

項目	第1次基本計画	第2次基本計画	第3次基本計画	第4次基本計画	第5次基本計画
策定時期	昭和33年7月	昭和43年10月（第1次計画の全面変更）	昭和51年11月	昭和61年6月	平成11年3月
計画期間	目標年次 昭和50年	同左	昭和51から60年度	昭和61年度からおおむね15か年間	平成11年度から平成27年度
策定された背景	経済の復興により、人口・産業の東京への集中対処。政治・経済・文化の中心地、さらに新しい首都圏建設の必要性	経済の高度成長に伴う社会情勢の変化。グリーンベルト構想の見直しとそれに伴う近郊整備地帯の指定	前計画が昭和50年度を目標年次とする。第1次オイルショックによる経済・社会情勢の変化	自然増を中心とする穏やかな人口増加の定着や国際化、高齢化、情報化、技術革新の進展等の社会変化の大きな流れを踏まえ、21世紀に向けて策定	成長の時代から成熟の時代への転換期における首都圏の諸状況の変化、諸状況の変化を定（平成10年3月）を踏まえて策定
対象地域	東京都心からおおむね半径100kmの区域	東京、埼玉、千葉、神奈川、茨城、栃木、群馬および山梨の8都県	同左	同左	東京、埼玉、千葉、神奈川、茨城、栃木、群馬、山梨の8都県
人口規模	対象地域全体では、すう勢人口（昭和50年2660万人）を既成市街地で抑制し、市街地開発区域で吸収	すう勢型。昭和50年の首都圏全体の人口の予測3310万人	抑制型。首都圏全体を人口増の基調とし、昭和60年で3800万人。東京大都市地域は右下の社会減、周辺地域は適度な増加	自然増を中心とした人口増の基調を踏まえつつ、社会増を縮小させ、首都圏全体として平成12年で4090万人	首都圏全体において平成23年に4190万人に達し後減少に転じ、平成27年で4180万人
地域整備の方向	東京都区部を中心とする既成市街地の周囲にグリーンベルト（近郊地帯）を設定し、既成市街地の膨張を抑制。代わって、都心から半径50km市を工業都市として開発し、人口および産業をここに吸収し定着を図る	既成市街地について、中枢機能を分担する地域として都市機能を純化する方向で都市空間を再編成。グリーンベルト（近郊地帯）に代わって、都心から半径50kmに近郊整備地帯として地域を新たに近郊整備地帯として設定し、計画的な市街地の展開を図る。周辺の緑地空間との調和のある共存区域の開発・整備を図り、引き続き衛星都市の開発を推進	東京大都市地域については、東京都心への一極依存形態を逐次改正し、地震等の災害に対して安全性の高い地域構造とするため、地域の広域的な核都市の育成に努め、核都市等からなる多極構造の広域複合体として再構築。および工業化の充実を図りつつ、従来の農業および文化的機能に加え、社会的に大都市近郊の活動に依存しない大都市近郊外郊地域として形成	東京大都市圏については、東京都区部とりわけ都心部への一極依存構造を是正し、業務核都市等を中心に自立性の高い地域を形成し、多核多圏域型の地域構造として再構築。周辺地域内外との広域的な連携の促進、核都市等との連携を促進するとともに、農山漁村地域の整備を行い、地域相互の連携の強化を図り自立性の向上を目指す	東京中心部への一極依存構造から、首都圏の各地域が、拠点的な都市を中心に自立性が高い地域を形成し、相互の機能分担と連携、交流をする「分散型ネットワーク構造」を目指す。首都圏内外との広域的な連携の促進、関東東部・関東北部・内陸西部地域の中核的都市圏を「広域連携拠点」として、育成、整備。東京大都市圏においては適切な役割分担と連携、都市中心部地域においては近郊地域の再配置を推進。東京中心部では、都市機能の再編整備を推進、近郊住宅地等の再編整備を推進、拠点間の分担と連携・交流による大環状連携軸を形成。関東北部群を形成。秩序ある育成、課題な方向に地域の分担・連携を図り「首都圏連携軸」を形成
諸機能の配置	東京都区部において、工場、大学等の新増設を制限し、分散困難な産業および人口に限り増加を考慮	中枢の機能は首都圏中心部に分担し、物的生産機能・流通機能は首都圏全域に展開し、これと関連させて日常生活機能を適切に配置	中枢機能については、選択的な分散を図ることとし、そのため対策を検討するとともに、大都市近郊地域内においては多核的な配置。大学等について、多核的に展開。首都圏への集中を抑制し、既成市街地以外の地域への分散を積極的に推進	全国的な適正配置を図る観点から、諸機能の選択的分散等を推進。業務管理機能、国際交流機能を多核的に展開し、工業、大学等を大都市近郊地域に展開。首都圏への集中を避け、新しい産業・情報等の機能を守りつつ、秩序ある育成。林水産業・研究開発機能を守り、国際交流、高等教育機能等の集積の促進	
備考	昭和37年8月に人口規模の改訂（2660万人→2820万人）				

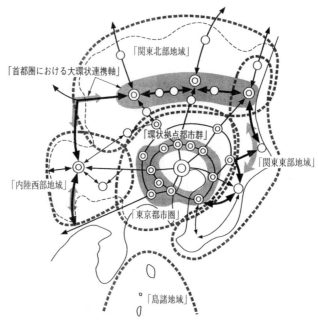

図 14.4　第 5 次首都圏基本計画にうたわれた分散型ネットワーク構造

　2005 年（平成 17 年）に国土総合開発法から国土形成計画法に移行し，全国計画と広域地方計画の 2 層の計画体系になったことに伴い，類似点が見られることから大都市圏整備法が改正され，事業計画を廃止し整備計画に統合され，整備計画は国土形成計画と調和することとされた。2016 年（平成 25 年）に国土形成計画の内容を踏まえ，大都市圏整備計画が改定された。

14.2　地方圏の計画の変遷

　地方圏の広域計画については各県の計画を基礎にした圏域別の計画も立案されているが，実態としては全国総合開発計画との関連で個別の地域振興関連法が制定され，その影響を強く受けていると見ることができる。これまでの地域振興関連法を整理すると**表 14.3**のようになる。

表14.3 地域振興関連法の概要

区 分	過疎地域活性化特別措置法（過疎法）	半島振興法	山村振興法	豪雪地帯対策特別措置法	離島振興法	特殊土壌地帯災害防除および振興臨時措置法
施行年月	1990年4月	1985年6月	1965年5月	1962年4月	1953年7月	1952年4月
所管省庁	国土庁	同 左	同 左	同 左	同 左	同 左
目 的	・地域の活性化 ・住民福祉の向上 ・雇用の増大 ・地域格差の是正	・地域住民の生活の向上 ・国土の均衡ある発展のための広域的,総合的な施策の実施	・経済力培養 ・地域格差是正等	・産業振興 ・民生安定向上	・経済力培養 ・島民の生活安定と福祉向上	・特殊土壌地帯の保全 ・農業生産力の向上

区 分	低開発地域工業開発促進法（低工法）	新産業都市建設促進法（新産法）	工業整備特別地域整備促進法（工特法）	高度技術工業集積地域開発促進法（テクノポリス法）	地域産業の高度化に寄与する特定事業の集積の促進に関する法律（頭脳立地法）
施行年月	1961年11月	1962年8月	1964年7月	1983年5月	1988年6月
所管省庁	国土庁	同左	同左	国土庁, 通産省, 建設省, 農林水産省	同左
目 的	・工業開発の促進 ・地域格差是正等	・地方拠点の産業等の基盤整備 ・均衡ある国土の発展	・工業基盤の整備 ・均衡ある国土の発展	・高度技術に立脚した工業開発の促進 ・地域住民の生活の向上と国民経済の均衡ある発展	・特定事業の地方集積による地域産業の高度化 ・地域住民の生活の向上と国民経済および国土の均衡ある発展

区 分	総合保養地域整備法（リゾート法）	奄美群島振興開発特別措置法	小笠原諸島振興開発特別措置法	多極分散型国土形成促進法（多極法）	地方拠点都市地域の整備および産業業務施設の再配置の促進に関する法律（地方拠点法)
施行年月	1987年6月	1954年6月	1969年12月	1988年8月	1992年8月
所管省庁	国土庁, 農林水産省, 通商産業省, 運輸省, 建設省, 自治省	国土庁	同左	同左	国土庁, 農林水産省, 通商産業省, 郵政省, 建設省, 自治省
目 的	・ゆとりある国民生活のための利便の増進 ・地域の振興	・奄美群島の基礎条件の改善 ・地理的および自然的特性に即した奄美群島の振興開発 ・奄美住民の生活の安定と福祉の向上	・小笠原諸島の基礎条件の改善と地理的および自然的特性に即した振興開発 ・旧島民の帰島促進 ・住民の生活の安定と福祉の向上	・4全総の基本的目標である「多極分散型国土の形成」を促進するため,地域の特性に即した特色ある機能の集積を図り,多様な地域振興の拠点を開発整備	・都市機能の増進および居住環境の向上による地方拠点都市地域の一体的整備の促進 ・産業業務施設の再配置の促進 ・地方の自立的成長の促進および国土の均衡ある発展

第15章

諸外国の都市計画・国土計画

15.1 イ ギ リ ス

産業革命が最も早く訪れたイギリスにおいては，工業化による都市環境の悪化もまた早く，そして著しいものがあった。当時の悲惨な都市住民の生活はエンゲルスらによって紹介されているが，テムズ川は悪臭を放ち，都市労働者の多くは専用の便所もない狭く汚い小部屋で数多くの子供を抱え貧しい生活を強いられていたといわれている。こうした状況に対応するため，排水，公衆衛生，換気などの改善に向けてさまざまな努力が行われ，こうした努力の中から近代的な都市計画が誕生することとなる。

19世紀末には，**ハワード**（E. Howard, 1850 - 1928）による**田園都市運動**が展開され，ロンドンの周辺部にレッチウォース（1903年）やウェルウィン（1920年）といったニュータウンが建設され，その思想と空間構成は広く世界に影響を与えることとなった。

また，都市計画に関する最初の法律はこうした田園都市運動を受けて1909年（明治42年）に制定されている。その後，1919年（大正8年），1932年（昭和7年）と改正が続けられ，1947年（昭和22年）現在のシステムの基礎を形成した**都市地方計画法**（town & country planning act）が制定されている。この法令によって，地方計画当局が開発計画を作成する義務を負うとともにすべての開発は開発許可を受けなければならないという考え方が確立され，同時に地方計画当局に強制権（違反に対する強制執行手続きと土地取得に関する強制権）

が付与されることとなった（また許可から生ずる開発利益は国が専有するという内容も盛り込まれていたが，現在はキャピタルゲイン課税の形で一般の税システムの中で処理されている）。この1947年法は1971年（昭和46年），1990年（平成2年），1991年（平成3年）に改訂・強化されているが，イギリスの都市計画制度の大きな特徴がここで確立された「開発許可」制度にあることは変わらず，そのために政府が発表した開発許可に関するガイダンス（法律上の効力はない）や法律の解釈をめぐる判例などが法律同様に重要な位置を占めている。なお実際にはイングランド，ウェールズ，スコットランド，北アイルランドで少しずつシステムが異なるが，ここでは以下イングランドのシステムを例に紹介する。

　基本的に都市計画は地方計画当局（local planning authority）としての地方議会（専門のプランナーと職員によって構成される部局を有している）によって計画立案され，国は地方計画当局の意志決定に対するガイダンスを提示する役割を担っている。地方計画当局にはその地域の開発計画を作成する義務があるとともに開発許可に関する権限，計画違反に対する強制執行権が与えられており，ロンドンのような大都市地域では一つの組織で，非大都市地域ではカウンティ議会とディストリクト議会に分かれて運用されている。なお，現在開発計画はロンドンおよび6大都市地域では**ユニタリーデベロップメントプラン**（unitary development plan）と呼ばれる地域全体をカバーする計画で，それ以外の非大都市地域では**ストラクチャープラン**（structure plan），**ローカルプラン**（local plan）の2段階の計画で構成することとなっている（ユニタリーデベロップメントプランはストラクチャープランとローカルプランを統合したものである）。

　一般にカウンティ議会はストラクチャープランと呼ばれる地域の発展方向を示す計画を立案するとともに，カウンティにかかわる事項の開発許可に関する権限を有することとなる。このストラクチャープランは図表と文章から構成され，幅広い土地利用政策や自然環境の保全，フィジカルな環境に関する改善計画，交通に関する政策等を提案するもので，ローカルプランのフレームワーク

となるものであるが，詳細な開発規制をうたうものではなく個人の権利を直接
制限するものでもない（ただし行政計画は基本的にこの計画に従って行われる
こととなる）。また，ディストリクト議会はローカルプランと呼ばれる地区レ
ベルの計画の作成や一般的な計画許可について権限を有している。ローカルプ
ランは土地利用に関する詳細なガイドを提供するもので，図面で表現されてい
る。なお，計画策定に関しては計画案が一般市民に広く公告されるとともに通
常6週間の縦覧が行われ，反対者への公聴会も開かれることとなっている。

15.2　ド　イ　ツ

　ドイツはイギリス，フランスなどに遅れて産業革命の波に洗われている。し
たがって大資本家による企業経営より，株式会社の形態が発達した。また，土
地所有も均等相続の結果，大規模な土地所有者が広く土地を有しているわけで
はない。こうした社会状況の中，都市計画については中世の都市空間を拡大す
る形で形成され，建築線や区画整理といった手法が発達した。こうした制度は
わが国の都市計画制度にも大きな影響を与えている。

　また，現在は州を基礎とした連邦国家を形成しているが，都市計画に関して
は**建設法典**（Baugesetz）が全体にわたる枠組を提示している。なお，現在の建
設法典は1986年（昭和61年）に制定されたもので，それ以前は都市計画の一般
規定を示した連邦建設法（Bundesbaugesetz）と都市開発を推進する目的で制定
された都市建設促進法（Städtebauförderungsgesetz）から構成されていた。

　都市計画の体系は**Fプラン**（Flächennutzungsplan）と呼ばれる都市全体の
発展方向を示したものと**Bプラン**（Bebauungsplan）と呼ばれる地区の詳細な
建築計画を示したものの2段階で構成されている。Fプランは市町村全地域を
対象とした「土地利用の区分と都市施設の配置に関する計画」であり，市町村
の発展方向を示すことが目的であるので個人の権利を制限するものではない。

　一方，BプランはFプランを基礎として策定される地区の詳細計画であり，
具体的には地区内の建築物の詳細（用途，容積率・建蔽率・階数・高さといっ
た利用の密度，壁面線・建築限界線・建築奥行き制限といった建蔽許容地等）

と地区に必要な交通施設の配置から構成されている。このBプランは議会の議決によって条例として決定され，建築物については建築許可の手続きの中で担保され，交通施設用地は区画整理の手続きを経て確保されることが通例となっている。なお，施設の整備に関しては原則として全体事業費の90%に相当する額を地区施設整備負担金として関係土地所有者から徴収しながら別途事業で実施されている。

なお，ドイツはわが国同様第二次世界大戦によって多くの都市が壊滅的な被害を受け，その意味ではドイツの現代都市計画は戦災復興から始まっているが，わが国と異なり戦後西ドイツ，東ドイツに分割されていたため経済発展の差異が都市整備にも影響を与えている〔今日では旧西ドイツの制度を基礎にした法が広くドイツ全域に適用されている〕。

15.3　フ　ラ　ン　ス

フランスで初めて都市計画法が制定されたのはわが国と同じ1919年（大正8年）のことである。その後，1943年（昭和18年）の都市計画法は都市計画を国の任務として制度化し，都市計画に伴う規制を明確に定め，1953年（昭和28年）の土地法で土地収用の仕組みが整備された。また，1967年（昭和42年）の土地に関する方向づけの法律で現在の都市計画法体系の骨格が整えられ，1975年（昭和50年）に法定上限密度制度の導入があり，その後の社会主義政権への移行で都市計画の権限の地方移譲と計画規制の見直しが進められ今日に至っている。

現在，フランスの都市計画は地方自治体を基礎に適用される**地域総合計画**（SCOT, schéma de cohérance territoriate）と**地方都市計画**（PLU, plans locaux d'urbanisme）で構成されている。

地域総合計画は，市町村（複数の場合もある）の中長期（30年程度）にわたるマスタープランで，特に市街地の拡大などの基本的方向を示し，行政庁の都市計画に効力を持つ。また，地方都市計画はSCOTの内容を具体化するもので，土地利用区分を示したうえで土地利用の形態，道路設置義務，供給処理施設の設置，区画の最低面積，隣地などからの最低引込み幅，同一敷地内の複数建築

物の間の最低距離，建蔽率，土地占用係数（建築用途別容積率に相当），高さ制限，建築物の外観，駐車場設置義務，緑地樹木設置義務等の規則が定められている。

15.4　ア　メ　リ　カ

アメリカは基本的に州を基礎に構成されており，都市計画についても国家レベルの統一的な都市計画基本法というものはなく，州によって取扱いが異なっている。また，さらに自治体単位でさまざまな取決めを行うため，必ずしも都市計画の体系が明確にあるわけではない。州法の授権により都市基本計画（マスタープラン）を策定している自治体も多いが，こうしたマスタープランは一般に法的拘束力を持たないことが多く，実際には詳細な地域制（ゾーニング）を基礎に土地利用コントロールを行う，あるいは宅地開発の基準である敷地分割規制（subdivision regulations）や建築基準（building code），開発業者と居住者間の私的協定（restrictive covenants）等で開発規制，建築規制を行うことが都市計画の内容となっている場合が多い。地域制（zoning）による建築制限は 1926 年（昭和元年）の最高裁判決（いわゆるユークリッド判決）でその妥当性が広く認められ，今日では非常に細分化された内容と地域指定が実施されている。

　地域制は地方公共団体の条例で施行されており，建築可能な用途を列挙するとともにその高度，階数，規模，建築線，最高容積率，建蔽率，最少空地率，最少敷地面積などを定めているが，近年は制限型から誘導型へ変化しつつあるといわれており，非収益的施設の整備を容積率の緩和規定を利用して実現しようという試み（インセンティブゾーニング）や容積率の移転（transferable development rights），計画一体開発の推進（planned unit development）も行われている。

第 16 章

都市計画の今後の課題

　新都市計画法が制定されてから50年以上を経て，都市を取り巻く環境も大きく変化しつつある。新都市計画法が生まれた時代は工業生産を主軸に経済の高度成長が続いていた時代で，東京・大阪・名古屋などの大都市圏に人口が集中し，都市が大きく膨張する時代であった。戦災からの復興は着実に進んでいるものの総体的に見れば貧弱な都市基盤しか持っていない都市，そこで急激に人口増とモータリゼーションが進む，これが当時の都市計画の背景であった。こうした中，計画の立案から実現（事業実施）までを「都市計画」ととらえ，土地利用（線引きなど），都市施設（位置と規模の決定），市街地開発事業（施行する場所の決定）を軸にした制度をつくりあげたのは，ある意味ではきわめて自然なことであったといえよう。

　また，1980年（昭和55年）には「地区計画」制度が導入され，従来から地区レベルの計画と実現を担っていた「市街地開発事業」に加えて，新たな地区レベルの計画・規制手法が加えられることとなった。こうした動きは用途地域を基礎に行われている一律的な建築物の規制をより地区別に詳細化・強化する意図が強かったが，一方で「地区レベルの計画」をはっきりと意識させる意味で大きな役割を果たした。

　そして，今日，わが国の都市はいまだに十分とはいえない都市基盤を抱えながら新たな課題に直面しつつある。

（ a ） **少子高齢社会への対応**　わが国の高齢化は他の国に例を見ないほど急速に進んでおり，福祉関連施設の充実やユニバーサルデザインの都市づくりが必要となっている。また一方で，合計特殊出生率は低迷を続け，都市部においても人口減少が現実のものとなってきた。都市づくりも「拡大する市街地への対応」から「縮退する市街地への対応」に舵を切り替えなければならない。

（ b ） **環境問題への対応**　環境問題は公害から都市環境の問題へ，そして地球環境の問題へとその質を変えて広がり続けている。その結果，地球温暖化に寄与すると見られている CO_2 の排出削減は国際的な公約にもなっており，自動車から排出される CO_2 をいかに削減するか，環境負荷の少ない「コンパクトな都市」をどうやって創り出していくかが都市づくりの大きな課題となりつつある。また，ヒートアイランド現象や局地的な集中豪雨の増加など都市の気象にも変化が見受けられ，その対応も求められるようになってきている。

（ c ） **中心市街地の疲弊への対応**　郊外居住の進展，自動車の普及とともに幹線道路沿道に立地する大型店舗が急増し，結果として地方都市の中心市街地は「シャッター通り」といわれるほど疲弊が進んでいる。夜間人口の減少，高い高齢化比率などによってコミュニティの維持も困難な状況となり，防犯・防災上の危険性も懸念されている。高齢社会に対応し，環境に優しい都市を形成するためにも中心市街地の疲弊を克服して，「歩いて暮らせる街づくり」を目指すことが求められている。

（ d ） **防災への対応**　これまでの努力にもかかわらず，わが国の都市の防災性はいまだ十分とはいえない。大規模な地震の危険性が高まっているという指摘もあり，いまだ都市内に広く広がる木造密集市街地の安全強化は重要な課題である。また，近年，台風や局地的な豪雨あるいは津波，高潮による水害が頻発している。個別の都市空間の防災性能を高めるとともに「災害に強い都市構造」を目指した取組みが求められている。

（ e ） **都市施設の更新への対応**　わが国都市基盤施設の多くは戦災復興と高度成長期の投資によって急激に整えられてきたが，建設されて数十年という月日を経て，いよいよ本格的な更新の時期を迎えようとしている。従来のよう

に「量の確保」に力点を置く必要は薄れてきたとはいうものの，ある時期に集中して建設されてきた以上，着実に，しかもより効率よく，そしてより質の高い再整備を図ることが必要とされている。再整備までの間の維持管理の問題とあわせて「都市の再生」は大きな課題である。

（f）　**国際化への対応**　　交通手段の発達，情報社会の進展とともに国境を越えた活動がよりいっそう活発になりつつある。こうした国際的な経済活動，文化活動を受け止めるためには，国際的活動を支える基盤，「世界に通用する都市基盤」が必要とされる。その意味では従来にも増して「都市の魅力・都市の国際競争力」が問われる時代となった。

また一方，急激な都市化に悩まされている発展途上の国々にとっては，わが国のこれまでの都市計画がおおいに興味を引く対象となっている。「計画」だけではなく実現の過程である「事業」を強く意識してきたわが国の都市計画体系，その経験を（問題点を含めて）素直に伝えることもわれわれの責務となりつつある。

（g）　**協働の街づくりに向かって**　　より積極的に街づくりに取り組もうとする市民が増加しつつあり，街づくりを目的にしたNPOも数多く設立されてきている。また，街づくりに民間企業のノウハウや資金力を活用しようというシステム（例えば，PFI など）も整えられ，街づくりあるいは街の管理に多様な主体が係わるようになりつつある。新しい「協働」を基礎にした計画立案・調整・事業実施・管理のプロセスが求められつつあるといえよう。地域の価値を上げ，盛り上げるエリアマネジメントの推進も重要である。

（h）　**進化・深化する情報化社会と都市**　　新技術やデータを活用したデジタル化の推進は，システムの効率化や最適化を可能とし，各種課題を解決できる可能性を有している。都市が抱える課題を，デジタル化を通じて解決し，新たな価値を創出するスマートシティの推進が重要となる。また，ビックデータなどを即座に分析して都市の計画・設計に活かすスマート・プランニングも期待されている。スマートシティへの取組みは，持続可能な開発目標（SDGs）にも大きく寄与することに繋がる。

（ⅰ）　**自動運転自動車への対応**　　全国各地で自動運転の社会実験が行われ，2020 年（令和 2 年）にはレベル 3 の自動車が発売されるなど，完全自動運転（レベル 4，レベル 5）に向けて実装検討が進められている。そのため，自動運転に対応した都市のあり方を今から真剣に検討しておく必要がある。例えば，駐車場は安心して乗り降りできる場所が重要にもなり，都市施設の設計方針が大きく変わることが予見され，それを見越した検討が今から必要である。

（ｊ）　**変化するライフスタイル**　　新型コロナウイルスによって，外出制限・テレ–ワークという人々のライフスタイルが大きく変化したが，実はそれ以前から変化は見られていた。東京都市圏パーソントリップ調査の結果では，2008 年（平成 20 年）から 2018 年（平成 30 年）の 10 年間で外出率は約 10 ％低下している。一方で，宅急便の取扱量は増えているなど，人々の移動は減少しているのに対し，物の移動は増加傾向が続いている。都市計画においても，これまで以上に物流について考える必要がある。

―――― 参 考 文 献 ――――――――――――――

〔1〕 支倉幸二・西建吾・岸井隆幸：新土木工学体系 57，都市計画（Ⅲ），技報堂
    出版（1981）
〔2〕 大塩洋一郎編著：日本の都市計画法，ぎょうせい（1981）
〔3〕 西藤冲・中山大二郎：新土木工学体系 54，地域計画（Ⅱ），技報堂出版
    （1983）
〔4〕 中村英夫編著：新土木工学体系 50，国土調査，技報堂出版（1984）
〔5〕 都市計画教育研究会：都市計画教科書，彰国社（1987）
〔6〕 野村総合研究所土地問題研究会編：地価と土地システム―国際比較による
    解決方策，野村総合研究所（1988）
〔7〕 建設技術行政研究会編：建設技術行政，7.市街地の面的整備，大成出版社
    （1991）
〔8〕 全国市街地再開発協会編著：日本の都市再開発史，住宅新報社（1991）
〔9〕 新谷洋二編著：都市交通計画，技報堂出版（1993）
〔10〕 小林重敬編著：分権社会と都市計画，ぎょうせい（1999）
〔11〕 小林重敬・山本正堯編著：既成市街地の再構築と都市計画，ぎょうせい
    （1999）
〔12〕 日本都市計画学会地方分権研究小委員会編：都市計画の地方分権，学芸出版
    社（1999）
〔13〕 都市計画法令研究会編：改正都市計画法のポイント，ぎょうせい（2000）
〔14〕 都市計画・建築法制研究会：都市計画法・建築基準法の解説，大成出版社
    （2000）
〔15〕 (財)民間都市開発推進機構都市研究センター編：欧米のまちづくり・都市計
    画制度，ぎょうせい（2004）

—— 索　引 ——

―― 著 者 略 歴 ――

にいたに　　ようじ
新谷　洋二
1953 年　東京大学工学部土木工学科卒業
1955 年　東京大学大学院修士課程修了
　　　　　（土木工学専攻）
1955 年　建設省勤務
1965 年　東京大学助教授
1978 年　工学博士（東京大学）
1978 年　東京大学教授
1991 年　日本大学教授
1991 年　東京大学名誉教授
1999 年
〜2006 年　（財）日本開発構想研究所
　　　　　　　理事長

たかはし　　ようじ
髙橋　洋二
1967 年　東京大学工学部都市工学科卒業
1967 年　建設省勤務
1974 年　東京大学助手
1977 年　工学博士（東京大学）
1977 年　宅地開発公団勤務
1981 年　地域振興整備公団勤務
1984 年　静岡県掛川市勤務
1986 年　建設省勤務
1988 年　神奈川県勤務
1990 年　東京商船大学（現東京海洋大学）
　　　　　教授
2007 年　東京海洋大学名誉教授
2007 年
〜2014 年　日本大学教授
2013 年
〜2015 年　（公社）日本交通計画協会代表理事

きしい　　たかゆき
岸井　隆幸
1975 年　東京大学工学部都市工学科卒業
1977 年　東京大学大学院修士課程修了
　　　　　（都市工学専攻）
1977 年　建設省勤務
1992 年　博士（工学）（東京大学）
1992 年　日本大学専任講師
1995 年　日本大学助教授
1998 年　日本大学教授
2018 年　日本大学特任教授
2018 年　（一財）計量計画研究所代表理事
　　　　　現在に至る

おおさわ　　まさはる
大沢　昌玄
1997 年　日本大学理工学部土木工学科卒業
1997 年　住宅・都市整備公団勤務
2003 年　日本大学助手
2008 年　博士（工学）（日本大学）
2009 年　日本大学専任講師
2013 年　日本大学准教授
2016 年　日本大学教授
　　　　　現在に至る

都 市 計 画（五訂版）
City Planning (Fifth Edition) © Niitani,Takahashi,Kishii,Oosawa 1998 , 2007 , 2022

1998 年 11 月 20 日　初版第 1 刷発行
2001 年 5 月 10 日　初版第 3 刷発行（改訂版）
2007 年 4 月 27 日　初版第 7 刷発行（三訂版）
2014 年 9 月 18 日　初版第 12 刷発行（四訂版）
2022 年 3 月 8 日　初版第 16 刷発行（五訂版）

検印省略	著　者	新　谷　　洋　二
		髙　橋　　洋　二
		岸　井　　隆　幸
		大　沢　　昌　玄
	発 行 者	株式会社　コロナ社
	代 表 者	牛　来　真　也
	印 刷 所	富士美術印刷株式会社
	製 本 所	牧製本印刷株式会社

112-0011　東京都文京区千石 4-46-10
発 行 所 株式会社 コ ロ ナ 社
CORONA PUBLISHING CO., LTD.
Tokyo Japan
振替 00140-8-14844・電話(03)3941-3131(代)
ホームページ　https://www.coronasha.co.jp

ISBN 978-4-339-05553-5　C3351　Printed in Japan　　　　　（新井）